Photoshop+ Adobe Camera Raw+ Lightroom

摄影后期照片润饰实战

郭 惠/编著

清華大學出版社
北 京

内容简介

Photoshop、Adobe Camera Raw 和 Lightroom 这 3 款软件都是照片处理的绝佳利器，而 Adobe Camera Raw 和 Lightroom 更偏重 RAW 格式照片的后期调色，Photoshop 更偏重后期修饰与合成。

本书主要介绍这 3 款软件的使用方法并综合运用，通过多个案例讲解数码摄影照片的后期调色方法，最后介绍数码照片的润饰技巧。

本书适合广大摄影后期爱好者作为教程使用，也适合有一定经验、想进一步提高照片处理水平的相关行业从业人员使用，还适合作为各类计算机培训学校、大中专院校的教学辅导用书。

图书在版编目（CIP）数据

Photoshop+Adobe Camera Raw+Lightroom摄影后期照片润饰实战 / 郭惠编著. —北京：清华大学出版社，2022.5

ISBN 978-7-302-60013-8

Ⅰ. ①P… Ⅱ. ①郭… Ⅲ. ①图像处理软件 Ⅳ. TP391.413

中国版本图书馆CIP数据核字（2022）第014159号

责任编辑：张　敏
封面设计：郭二鹏
责任校对：胡伟民
责任印制：杨　艳

出版发行：清华大学出版社
网　　址：http://www.tup.com.cn，http://www.wqbook.com
地　　址：北京清华大学学研大厦A座　　邮　　编：100084
社 总 机：010-83470000　　邮　　购：010-62786544
投稿与读者服务：010-62776969, c-service@tup.tsinghua.edu.cn
质 量 反 馈：010-62772015, zhiliang@tup.tsinghua.edu.cn
课 件 下 载：http://www.tup.com.cn, 010-83470236
印 装 者：小森印刷（北京）有限公司
经　　销：全国新华书店
开　　本：185mm×260mm　　**印　　张：**14.75　　**字　　数：**438千字
版　　次：2022年7月第1版　　**印　　次：**2022年7月第1次印刷
定　　价：99.00元

产品编号：094005-01

前言 PREFACE

关于摄影后期修图工具，Photoshop、Camera Raw 和 Lightroom 这 3 款软件凭借其强大的优势，深受众多用户的喜爱。本书是在经过大量调研后，根据大多数用户的实际需求编写而成的，通过抠图、修图、调色、合成等技术，详细介绍了数码照片处理的方方面面。本书案例多样，内容丰富，讲解细致，能够带给读者直观的学习体验和感受。

本书内容准备完毕后，已经有大量摄影后期爱好者、相关专业的老师和同学做过培训，并且在培训过程中不断加以改进和完善，最终编写而成。本书不仅内容丰富精彩，而且编排合理，案例生动，是值得学习的好书。

作为设计师，无论身处哪个领域，如摄影后期、平面、网页、动画和影视等，都需要熟练掌握 Photoshop、Camera Raw 和 Lightroom 摄影后期调色与合成工具，从而将视觉效果处理成最佳状态。本书正是通过大量实例来印证这 3 款强大工具的魅力。本书的最大特色是全部实例都是商业作品，能够真正满足广大读者在工作中的需求。本书由山东工艺美术学院现代手工艺学院郭惠老师编写，由于时间仓促，书中难免有疏漏之处，恳请广大读者批评指正。

写作特点

本书采用知识点 + 实战案例的形式，通过精心安排的实例，将 Photoshop、Camera Raw 和 Lightroom 的操作方法与应用案例完美结合，读者可以在学习案例实践的过程中轻松掌握各种数码照片润饰处理技术。读者完成案例的操作后，还可以在参数解读部分了解相关软件功能的具体解释说明，从而做到即学即用，避免在学习过程中走弯路。

本书实例精彩、类型丰富，不仅可以帮助初学者掌握相应软件的使用技巧，更能有效应对数码照片处理、平面设计、特效制作等实际工作任务。

版面特点

本书采用横向排版，版式设计清晰、明快，阅读起来轻松、顺畅。书中的提示、知识补充等环节不仅突出了学习重点，还拓展了知识范围。

适用范围

本书适合摄影师、专业修图师，以及从事平面设计、网页设计、动画设计、广告设计、影楼后期工作的人员学习参考。

本书配套资源

本书配套资源包含所有案例的视频教学、素材和最终文件（源文件）、教学 PPT 课件、1000 种修图动作库、3000 种常用形象素材库、3000 种精美 PS 样式库、8000 种 PS 笔刷库、海量 PS 调色动作库和渐变库，读者可扫描下方二维码下载获取资源。

视频教学

源文件

其他资源

编者

目录

CONTENTS

第 4 章 Camera Raw 摄影后期基础

第 5 章 Lightroom Classic 摄影后期基础

第 6 章 Photoshop 风景后期调色实战

第 7 章 Photoshop 人像精修后期实战

第 8 章 Camera Raw 摄影后期实战

第 9 章 Lightroom Classic 人文摄影后期实战

第1章

数码照片后期处理概述

本章将介绍专业数码照片处理的基本概念。在调整图像时，读者应该掌握图像调整中的基本概念，从而能够正确调整图像颜色，以免将不必要调色的部分进行错误调整。当对图像进行调色时，首先应该分析图像存在的瑕疵，然后正确使用不同的命令调整图像色彩。

1.1 数码照片后期处理简介

数码相机的影像可直接被导入计算机，处理后打印输出或者直接制作成网页，方便快捷。传统相机的影像必须在暗房里冲洗，要想进行处理必须通过扫描仪扫描进计算机，而扫描后得到的图像的质量必然会受到扫描仪精度的影响。这样即使原图像质量很高，经过扫描以后得到的图像也相去甚远。数码相机可以将自然界的一切瞬间轻而易举地拍摄为供计算机直接处理的数码影像，如果接 VIDEO OUT 端，则可在电视上显示。

但是与传统相机相比，数码相机也有其不足之处。传统相机的卤化银胶片可以捕捉连续的色调和色彩，而数码相机的 CCD 元件在较暗或者较亮的光线下会丢失部分细节，此外，数码相机 CCD 元件所采集图像的像素远远小于传统相机所拍摄图像的像素。一般而言，传统 35mm 胶片解析度为每英寸 2500 线，相当于 1800 万像素甚至更高，而目前数码相机使用的最好的 CCD 所能达到的像素也仅有 1000 万。现阶段，使用数码相机拍摄的照片不论在影像的清晰度、质感、层次，还是色彩的饱和度方面，都无法与传统相机拍摄的照片相媲美。但数码相机发展迅速，研发空间仍然很大，在今后会有长足发展。

所谓数码照片处理技术，就是对扫描到计算机中的照片和数码相机拍摄的数码照片通过图像处理软件进行修复和润饰的技术。本书将介绍使用 Photoshop、Camera Raw 和 Lightroom 处理图像的方法，从而达到想要的完美效果。图 1.1 所示为数码照片调整前后的对比效果（进行了色温、亮度、对比度调整）。

图 1.1

1.2 数码照片处理的构图原则

数码照片的处理随着计算机技术的高速发展，已被广泛应用于文化艺术、通信、工业等多个领域。

平面设计是数码照片最大的应用领域，如今，随处都能看到数码照片的身影。使用图像处理软件可以帮助人们将所拍摄的照片变得更加完美。由于数码照片比较清晰，既有可看性和真实性，又容易被处理，所以在制作网页时数码照片成为了必不可少的元素之一。效果图的后期处理、人物和配景的添加、色彩的调整和灯光的效果处理，都会使图像显得更加具有真实性，虚拟仿真。在一些三维软件中，通常会使用高画质的数码照片作为贴图，这样不仅省去了绘制贴图的麻烦，还使模型达到了真实的效果。摄影与绘画是相近的艺术，尤其在构图原则上，都遵循平衡、协调、稳健、均衡、合理等法则。合乎这些基本法则的图片就能给人一种大方、舒展的感受，反之则让人产生一种别扭、局促的感觉。

1.2.1 三分法构图

三分法是比较常见的一种构图方法。画面中有横竖各两条线，形成“井”字排布，将画面分为九等分。直线的交叉点位置是画面最吸引人的地方，将主体放在这个位置也是三分法构图的基本原则，如图 1.2 所示。

图 1.2

1.2.2 确立结构中心

黄金分割法只适用于单个拍摄对象，假如拍摄的是一组群像，如薰衣草花海、风光建筑、风土人情等，黄金分割法就不适用了。这时就要将照片的视觉结构置于画面中心位置，如图 1.3 所示。

图 1.3

1.2.3 均衡与呼应

静物、人像、风光，无论哪种摄影构图，其实都涉及一个均衡与呼应的问题，满足这两点要求，画面就比较稳健、合理。

均衡是“均等、平衡”之意。两者都是针对画面元素的比例关系而言的，在构图上，有时这两个概念的含义是相通的。摄影中的均衡是指人们对一幅摄影作品整体上的一种稳定、匀称、流畅的感觉，是人们欣赏艺术作品时的一种心理要求。这种形式感觉和心理要求是人们在长期生活中逐渐形成的。

前面已经强调过，均衡与呼应在某种意义上是相通的。从内容的相互关系上讲，均衡就是呼应；从结构关系上讲，呼应则是为了均衡，如图 1.4 所示。

图 1.4

1.2.4 让背景简单化

背景的简单化可以使人们的目光更加集中到人物身上，简单化才是摄影的真正追求。

学习了构图方法后，就可以通过软件对构图不好的照片进行处理，使数码照片变得更加完美，如图 1.5 所示。

图 1.5

1.3 什么样的照片需要后期处理

日常拍摄的照片，或多或少会存在一些令人不满意的地方，利用 Photoshop 软件可以对图像中不完美的地方进行修改和复原，使照片变得更加美观，不再有缺憾。下面罗列了一些典型的常见问题，可以看到，原片和后期处理过的图片产生了很大的差距。

1.3.1 人像照片

情况 1 拍摄的照片存在红眼现象，可以通过红眼工具进行处理如图 1.6 所示。

图 1.6

情况 2 树荫下曝光不足，可以通过色阶工具进行调整，如图 1.7 所示。

图 1.7

情况 3 照片出现曝光过度的问题，使用 RAW 格式可以解决这个问题，如图 1.8 所示。

情况 4 照片对比度低，灰蒙蒙的，可以通过执行“图像→调整→色相/饱和度”命令进行调整。如果照片存在严重的偏色问题，可执行“图像→调整→色彩平衡”命令进行调整，如图 1.9 所示。

情况 5 人物面部存在皱纹等瑕疵，可以运用划痕工具和图层蒙版进行磨皮，如图 1.10 所示。

图 1.8

图 1.9

图 1.10

情况 6 照片左边中的摄影助理也进入画面了，可用修补工具和剪切工具进行处理，如图 1.11 所示。

图 1.11

1.3.2　风景照片

情况 1 如果拍摄的景物比较杂乱，可以用后期处理的方法进行修补。比如原片中右侧的轮船有点画蛇添足，可以用 Photoshop 将其修掉，如图 1.12 所示。

图 1.12

情况 2 如果没有长焦镜头，远距离的景色就无法拉近，可以使用裁剪工具重新“构图”，如图 1.13 所示。

图 1.13

情况 3 如果曝光不准确，可以对风景进行多重曝光，再进行合成处理，曝光过度的天空和曝光不足的地面将被处理得恰到好处，如图 1.14 所示。

图 1.14

情况 4 受镜头和相机画幅的约束，照片构图不够宽广，可以多拍几张，然后进行拼接合成，从而使画面变成一幅气势磅礴的广角全景摄影作品，如图 1.15 所示。

图 1.15

情况 5 如果照片对比度低，灰蒙蒙的，可以使用“色相/饱和度”等命令进行调整，如图 1.16 所示。

图 1.16

情况 6 如果照片存在偏色问题，可以使用“色彩平衡”等命令进行调整，如图 1.17 所示。

图 1.17

第2章 认识数码照片中的色彩

本章从数码照片调色的相关概念开始讲解，使读者在学习如何处理照片之前，对调色有一个深入的了解。通过掌握各个知识点的区别与特点，在调整图像色调时，才能够正确把握图像的色泽与光调，将具有色彩瑕疵的图像调整得更加完美，更好地表现出图像的艺术感。

2.1 数码照片的颜色与光线

颜色与光线密不可分，如果没有光线，摄影与视觉也就不复存在。摄影是光的艺术，光线是产生颜色的原因，也是唤起人们色彩感的关键。

2.1.1 可见光

在物理学上，光属于一定波长范围内的一种电磁辐射。可见光是电磁波谱中人眼可以感知的部分，可见光谱没有精确的范围；一般人的眼睛可以感知的电磁波的波长为 380 ～ 780nm，此范围称为可见光。波长不同的电磁波所引起的人眼颜色感觉也不同。对于波长为 780nm 的光线，人的感觉为红色；波长为 380nm 的光线，人的感觉是紫色；波长为 580nm 是黄色；波长为 610 ～ 590nm 是橙色；波长为 570 ～ 500nm 是绿色；波长为 500 ～ 450nm 是蓝色；波长大于 780nm 时是红外线，波长小于 380nm 时是紫外线，如图 2.1 所示。

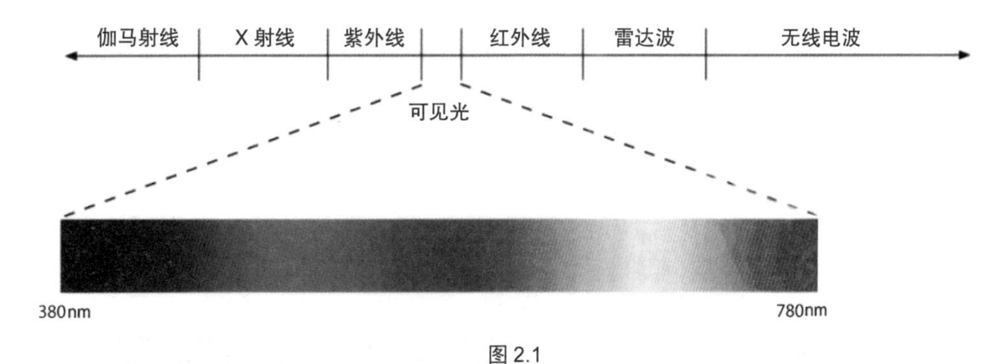

图 2.1

2.1.2 光谱色

我们生活在一个五彩缤纷的彩色世界里，蓝色的天空、绿色的草地、黄色的土地……这些都是由于光线照射的结果。五颜六色的自然景物到了晚上就会失去光线的照明，陷入一片黑暗之中。由此得出结论：无光则无色，离开光的作用，色彩不能单独存在。

色彩是一种光的现象，物体的色彩是光照结果。人们平时所看到的阳光称为白光，它由七色光混合而成的。这是 17 世纪英国伟大的物理学家牛顿发现的，他将一束白光从细缝引入暗室，当太阳光通过三棱镜折射到白色屏幕上时，便会分解成红、橙、黄、绿、青、蓝、紫 7 种色光，这 7 种色光称为光谱色，这是自然界中最饱和的色光，由这 7 种色光组成的彩带称为光谱。其中白色光最强，蓝色光最弱。生活中表现最直接的例子就是彩虹，彩虹就是光通过小水滴后折射形成的色散现象，如图 2.2 所示。

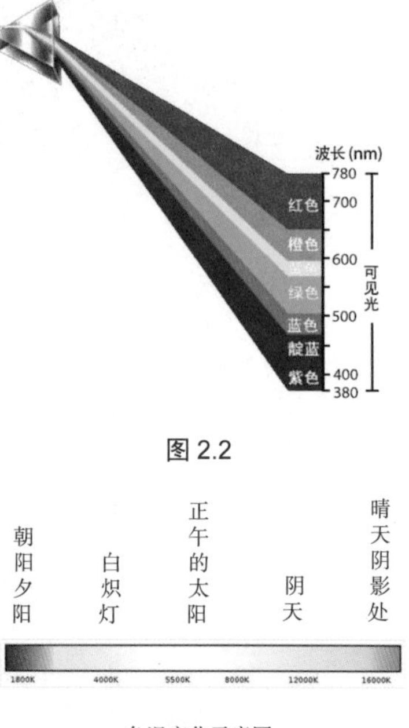

图 2.2

朝阳夕阳　白炽灯　正午的太阳　阴天　晴天阴影处

1800K　4000K　5500K　8000K　12000K　16000K

色温变化示意图

图 2.3

2.1.3 色温

1.了解色温

太阳只有一个，然而在不同的天气，由太阳这个光源所表现出的色彩却各不相同。例如，晴天中的朝阳偏红，阴天的光浅偏蓝。由此可见，当温度发生变化时，光的颜色也会随之改变，如图 2.3 所示。

19 世纪末由英国物理学家洛德·开尔文制定出了一套用以计算光线成分的方法，即色温计算法，而其具体标准是基于以一黑体辐射器所发出来的波长。光源的辐射在可见区和绝对黑体的辐射完全相同时，此时黑体的温度就称为此光源的色温。低色温光源的特征是在能量分布中，红辐射相对较多，通常称为“暖光”；色温提高后，能量分布中，蓝辐射的比例增加，通常称为“冷光”。

2.最佳拍摄时间段

在早晨日出后和傍晚日落前的时间段，太阳的温度较低，天空中的光线不刺眼，场景中的色彩偏向红色或者橘红色，阳光温度宜人。很多摄影师把这段短暂的时间称为“美妙时刻”，大多数杂志摄影都是在这段时间拍摄的，因为此时的光线能够自然地把各个特殊的投影平面分开，突出画面中的重要细节，从而使拍摄出的画面栩栩如生。到了中午时分，随着太阳的升高，色温也会慢慢上升，场景色调偏蓝，光线也会变得强烈起来，此时拍出的物体会产生细长的影子，往往可以创造出戏剧性的效果。

2.1.4 白平衡

1.相机的白平衡设置

看到白色时，由于在有色光照射下，白色呈现出有色光的颜色，但我们仍认为它是白色的，因为眼睛可以自动纠正颜色。但是相机则不同，当相机的色彩调整同景物的照明色温不一致时就会发生偏色。因此，数码相机提供白平衡功能，通过调整相机内部的色彩电路，修正外部光线造成的偏差，使照片表现出正确的色彩。下面来欣赏几张在不同拍摄环境中使用了白平衡的美图。

冷色调给人以寒冷的感觉，拍摄雪景照片时应采取机内色温略低于现场光色温的做法，使冰雪呈现蓝色，加强寒冷的视觉印象，更有身临其境之感，如图 2.4 所示。

暖色调给人以温馨舒适的感觉，拍摄室内环境时要根据室内光线的情况，选择机内色温略高于现场光色温的做法，使室内环境偏向暖色调，如图 2.5 所示。

图 2.4

图 2.5

下面是在相同环境和条件下，只改变白平衡设置所拍摄出来的照片效果。

AWB 自动	日光	阴天	阴影	白炽灯	荧光灯	闪光灯
可对所有光源的特有颜色进行自动补偿。如果拍摄的对象不是特殊的对象，通常情况下使用自动模式	日光是用于室外拍摄用途比较广泛的白平衡，在晴天的中午，室外阳光直射的情况下拍摄时使用该模式，色温约为 5200k	在多云、阴天的天气下拍摄时使用该模式，色温约为 6000k	在晴天室外日光的阴影下拍摄使用该模式，色温约为 7000k。若是在晴天的日光下使用该模式拍摄，色调会略微偏红	在室内灯泡照明的环境中拍摄时使用该模式，可抑制白炽灯光线偏红的特性，色温约为 3200k	在白色荧光灯环境中拍摄时使用该模式可抑制白色荧光灯光线偏绿的特性，色温约为 4000k	以闪光灯为主光源或者需要为主体补光的情况下拍摄时使用该模式，可以对偏蓝色的闪光灯光线进行补偿。色温约为 6000k

2.后期调整白平衡

后期调整白平衡最直接、最有效的方法是使用 Camera Raw 软件，因为它针对白平衡设置了一个专用的选项可供调节。而使用“色彩平衡”“曲线”等命令进行调节时，需要了解色彩与通道的关系、色彩之间的互补等，不如使用 Camera Raw 方便直观。

Camera Raw 是作为一个增效工具随 Photoshop 一起提供的，安装 Photoshop 时会自动安装 Camera Raw，因此要使用 Camera Raw，需要先启动 Photoshop 软件。

Camera Raw 可以处理 RAW、JPEG、TIFF 等格式的文件，但这几种格式的文件的打开方式略有不同。如果要处理 RAW 格式的照片，在 Photoshop 中执行“文件→打开”命令，选择需要打开的素材文件，就可以启动 Camera Raw 并打开素材照片。如果要处理 JPEG 或其他格式的照片，则需要执行“文件→打开为”命令，在弹出的对话框中选择照片，并在“打开为”下拉列表中选择 Camera Raw 格式，单击“打开”按钮，照片将以 Camera Raw 格式打开。

图 2.6 所示为在自动白平衡模式下拍摄出来的照片，照片格式为 JPEG，在 Camera Raw 中打开该照片，可以随意调节色温参数，从而调整白平衡。

图 2.6

调整色温往往会得到意想不到的效果，如果提高色温，可以看到画面中的人物及环境呈现偏红的暖色调；如果降低色温，则会使整个画面呈现偏蓝的冷色调，如图 2.7 所示。

暖色调　　冷色调

图 2.7

白平衡选项中包含两个选项：色温和色调。如果拍摄照片时光线色温较高，即色调发蓝，可提高色温值，将照片变暖，以补偿周围光线的高色温。相反，如果拍摄时光线色温较低，即色调发黄，可降低色温值，使图片色调偏蓝，以补偿周围光线的低色温。

色调选项用于补偿绿色和洋红色，降低色调值会在图片中增加绿色，提高色调值会在图片中增加洋红色。

2.1.5 色偏

了解色偏

色彩还原精确的照片是被拍摄物体上的色温与影像传感器之间相匹配的结果，没有这样的匹配，照片会变成太冷的蓝色调或者太暖的红色调，这样的照片就会出现色偏，需要进行后期处理，如图 2.8 所示。造成色偏的原因很多，如照相机白平衡设置错误、室内的人工照明对拍摄对象的影响等。然而出现色偏的照片并不完全有害，相反有些照片还可以增强视觉效果，为照片打造出特殊的色调，这样的偏色照片就无须处理，如图 2.9 所示。

出现色偏的照片

修饰色偏后的照片

图 2.8

不需要修饰的色偏照片

图 2.9

2.2 数码照片的颜色属性

人们很早之前就开始应用色彩了，但是色彩的科学直到牛顿发现太阳光通过三棱镜发生分解而产生光谱概念之后才迈入新纪元。在 16 ～ 17 世纪出现了很多光线与色彩的研究，直到 20 世纪美国 Munsell 的出现，才为色彩的研究奠定了基础。

2.2.1　色彩的分类

在千变万化的色彩世界中，人们视觉感受到的色彩非常丰富，现代色彩学按照全面、系统的观点，将色彩分为有彩色和无彩色两大类。有彩色是指红、橙、黄、绿、蓝、紫这 6 个基本色相及由它们混合而成的所有色彩。无彩色是指黑色、白色和各种纯度的灰色。从物理学的角度看，由于它们不在可见光谱中，故不能称之为色彩。但是从视觉生理学和心理学上而言，它们具有完整的色彩性，应该被包括在色彩体系中，如图 2.10 所示。

有彩色　　　　无彩色

图 2.10

2.2.2　色相

色相是指能够比较确切地表示某种颜色色别的名称，如红色、黄色、蓝色等，色彩的成分越多，色相越不鲜明。光谱中的红、橙、黄、绿、蓝、紫为基本色相，色彩学家将它们以环形排列，再加上光谱中没有的红紫色，形成一个封闭的圆环，即色相环。根据色彩间的不同混合，可分别做出 10、12、16、18、24 色色相环，如图 2.11 所示。

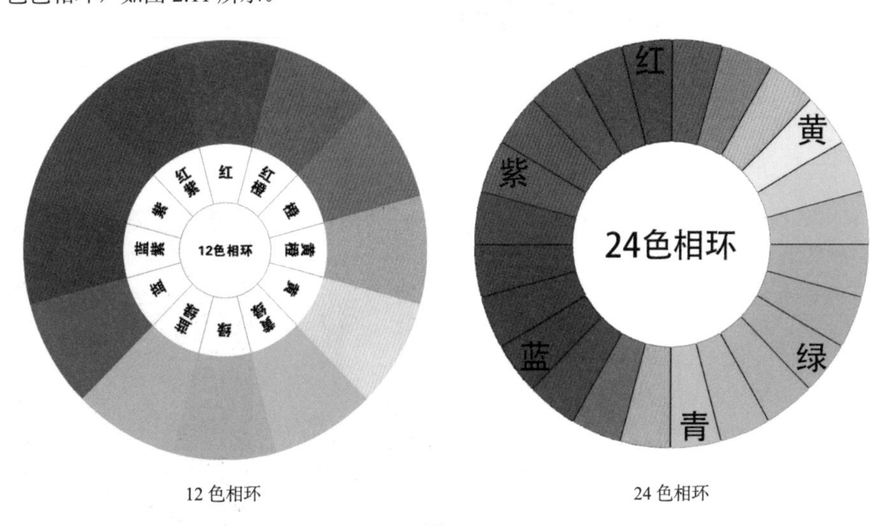

12 色相环　　　　24 色相环

图 2.11

2.2.3　明度

明度是指色彩的亮度或者明度。颜色有深浅、明暗的变化，如深黄、中黄、淡黄、柠檬黄等黄颜色在明度上就不一样，紫红、深红、玫瑰红、大红等红颜色在亮度上也不相同。这些颜色在明暗、深浅上的不同变化，也就是色彩的明度变化。

无彩色中明度最高的是白色，明度最低的是黑色，如图 2.12 所示。

有彩色中黄色明度最高，处于光谱中心，紫色明度最低，处于光谱边缘。有彩色加入白色时会提高明度，加入黑色时会降低明度，如图 2.13 所示，上方色阶为不断加入白色、明度变亮的过程，下方色阶为不断加入黑色、明度变暗的过程。

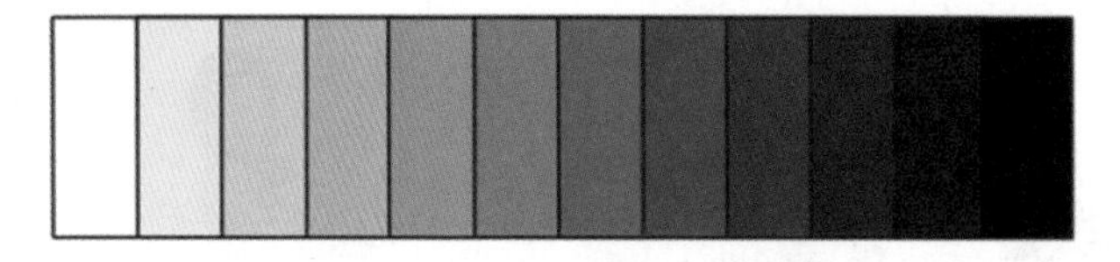

图 2.12

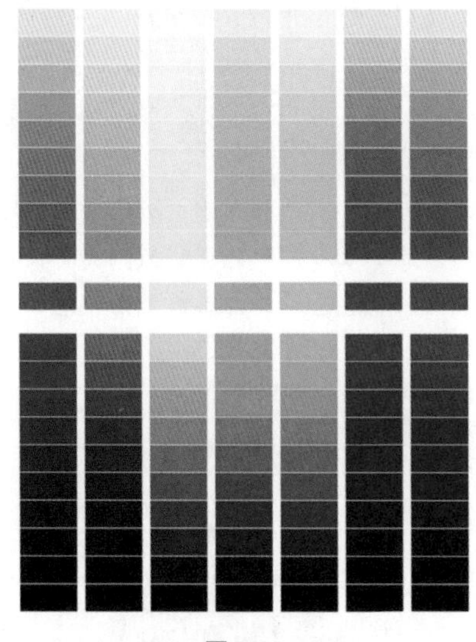

图 2.13

2.2.4 饱和度

饱和度是指色彩的鲜艳程度，也称色彩的纯度。眼睛所能够辨认出的有色相的色彩，都具有一定的鲜艳度。饱和度取决于该色相中的含色成分和消色成分（灰色）的比例。含色成分越大，饱和度越大；消色成分越大，饱和度越小。有彩色中的红、橙、黄、绿、蓝、紫基本色相的饱和度最高。无彩色没有色相，因此其饱和度为零。例如绿色，当在其中混入白色时，鲜艳度就会降低，但明度增强，变为淡绿色；当混入黑色时，鲜艳度降低，明度也会降低，变为暗绿色，如图 2.14 所示。

饱和度降低，明度降低

饱和度降低，明度增强

图 2.14

2.2.5 色调

以明度和饱和度共同表现色彩的程度，称为色调。色调一般分为 11 种：鲜明、高亮、清澈、明亮、灰亮、苍白、隐约、浅灰、阴暗、深暗、黑暗。其中鲜明和高亮的彩度很高，给人以华丽而又强烈的感觉；清澈和隐约的亮度和彩度比较高，给人以柔和的感觉；灰亮、浅灰和阴暗的亮度和彩度比较低，给人以冷静朴素的感觉；深暗和黑暗的亮度很低，给人以压抑、凝重的感觉，如图 2.15 所示。

高调摄影

低调摄影

图 2.15

2.3 色彩的混合

将两种或者两种以上的色彩混合在一起，构成与原色不同的新颜色，称为色彩混合。色彩混合分为加色混合、减色混合和视觉混合 3 种类型。

2.3.1　加色混合

加色混合也称加光混合，是指将不同光源的辐射光透射在一起产生出新的色光。例如面前有一堵石灰墙，没有光照时，它在黑暗中，眼睛看不到它。墙面只被红光照亮时呈红色，只被绿光照亮时呈绿色，红光和绿光同时照射墙面时则呈黄色。

色光的三原色是红色、绿色和蓝色，将它们按照不同的比例混合，就可以创造出大自然中的任何一种色彩，色光三原色全面混合会生成白色，如图 2.16 所示。

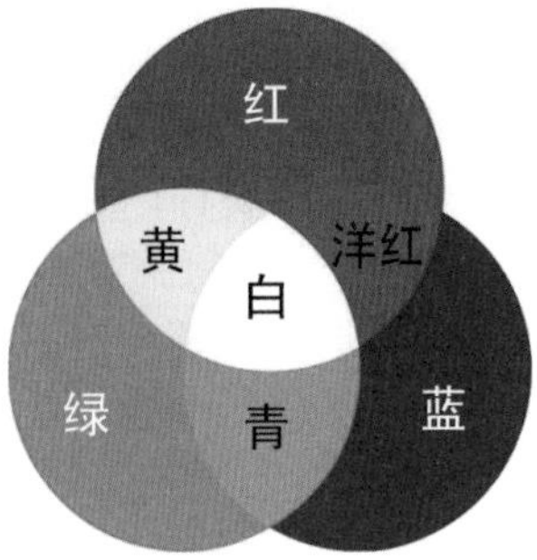

图 2.16

2.3.2　减色混合

减色混合是指不能发光，却能将照来的光吸收掉一部分，将剩下的光反射出去的色料的混合。颜料、染料、印刷油墨等都属于减色混合。

所有印刷品都是由青色、洋红色、黄色、黑色这 4 种油墨混合而成的。青色油墨只吸收红光，洋红色油墨只吸收绿光，黄色油墨只吸收蓝光。

举个例子，在印刷品中，当白光照在纸上以后，如果要让绿色油墨看上去是绿色的，就必须要将绿光反射到人们的眼睛里，根据减色混合原理图，可以看到绿色油墨是由青色和黄色油墨混合而成的，青色油墨将红光吸收掉了，黄色油墨将蓝光吸收掉了，因此，只有绿光被反射出来，人们眼睛看到的绿色就是这样产生的，如图 2.17 所示。

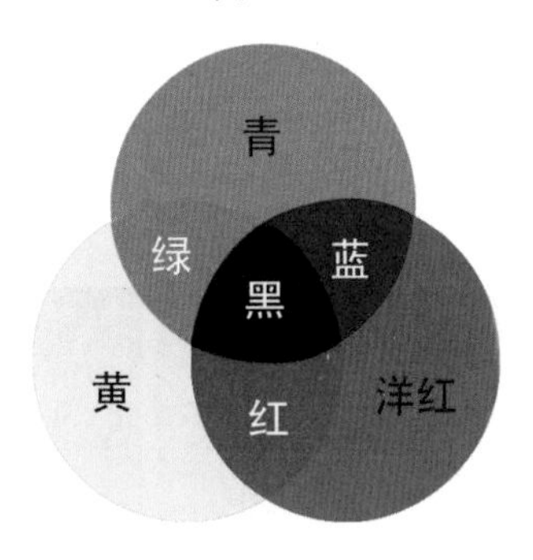

图 2.17

2.3.3　视觉混合

通过视觉过程产生的混合称为视觉混合。视觉混合分为有色旋转混合和并置混合两种类型。

旋转混合是指将任意两种以上的色料涂在圆盘上，快速旋转而呈现出一种新的颜色。

并置混合是指将不同的色彩以点、线、网、小块面等形式交错杂陈地并置在纸上，隔开一段距离进行观看，就能看到并置混合出来的新色。

2.3.4　色域

色域是指某种特定的设备（如打印机）能够产生出色彩的全部范围。在现实生活中，自然界中可见光谱的颜色形成了最大的色域空间，它包含人眼所能见到的所有颜色，国际照明协会根据人眼的视觉特性，把光线、波长转换为亮度和色相，创建了一套描述色域的色彩数据，如图 2.18 所示。

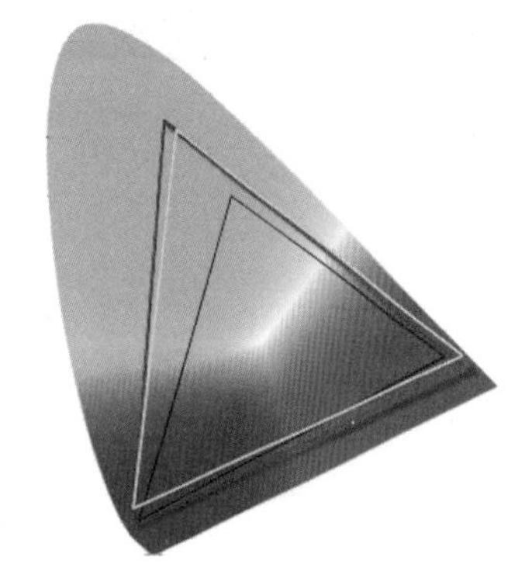

图 2.18

2.3.5　色彩管理

1.什么是色彩管理

所谓色彩管理，是指运用软、硬件结合的方法，在生产系统中自动统一地管理和调整颜色，以保证在整个过程中颜色的一致性。

由于每种设备都有一个不同的色域进行工作，这就容易出现一个问题，数码相机和打印机会将一种相同的颜色解读为带有细微差别的色彩。色彩管理就是对数码相机、打印机、显示器及印刷设备之间所存在的色彩关系进行协调，使不同设备所表现的颜色尽可能统一，如图 2.19 所示。

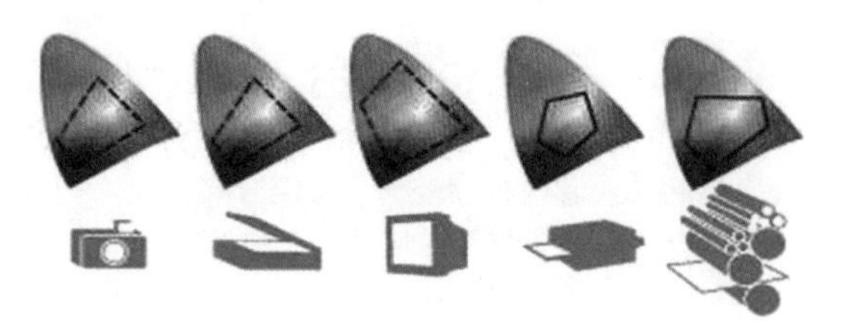

图 2.19

2.指定配置文件

Photoshop 提高了色彩管理系统，它借助 ICC 颜色配置文件来转换颜色。ICC 颜色配置文件是指用于描述设备如何产生色彩的小文件，它的格式由国际色彩联盟规定。

要指定配置文件，可执行“编辑→颜色设置”命令，弹出“颜色设置”对话框，在“工作空间”选项组的 RGB 下拉列表中可供选择。其中 ProPhoto RGB 提供的色彩最绚丽，Adobe RGB 次之，Apple RGB 和 ColorMatch RGB 要比它们暗一些，sRGB 没有 Adobe RGB 表现力强，如图 2.20 所示。

配置文件设定技巧：

大多数数码相机都将 sRGB 设定为默认的色彩空间，因此处理数码相机拍摄的照片时，可将其设定为 sRGB；如果需要将照片用于打印和输出，建议将其设定为 Adobe RGB，因为该格式包含一些无法使用 sRGB 定义的可打印颜色，如青色和蓝色。

Adobe RGB

Apple RGB

sRGB

ColorMatch RGB

ProPhoto RGB

图 2.20

3.转换配置文件

如果要将以某种色彩空间保存的照片调整为另外一种色彩空间，可以将图像打开，执行“编辑→转换为配置文件”命令，弹出“转换为配置文件”对话框，在“目标空间”选项组的“配置文件”下拉列表中选择所需要的色彩空间，单击“确定”按钮进行转换，如图 2.21 所示。

图 2.21

2.3.6 色域警告

1.溢色

数码相机、显示器、扫描仪、电视机都称为 RGB 设备，因为它们都是通过色光的三原色（红色、绿色、蓝色）形成色彩。由于 RGB（屏幕格式）比 CMYK（印刷模式）色域范围广，所以将 RGB 模式转换为 CMYK 模式后，颜色信息就会受到损失。例如，当将一张图像的颜色调整得特别鲜亮后，但是当它打印出来后，颜色却没有那么鲜亮，那些无法被打印机打印出来的颜色就称为“溢色”。

2.观察照片的整体溢色情况

如果想要知道照片中哪些颜色是溢色，可以执行“视图→色域警告”命令，画面中灰色覆盖的地方就是溢色区域，如图 2.22 所示，再次执行该命令，可以关闭色域警告。

图 2.22

3.调色的同时观察是否出现溢色

选择工具箱中的颜色取样器工具，在图像上需要观察的地方单击，放置取样点，在“信息”面板的吸管上单击并选择 CMYK 颜色，设定好以后进行调色。如果取样点的颜色超出 CMYK 的色域范围，那么 CMYK 的数值旁就会出现叹号，如图 2.23 所示。

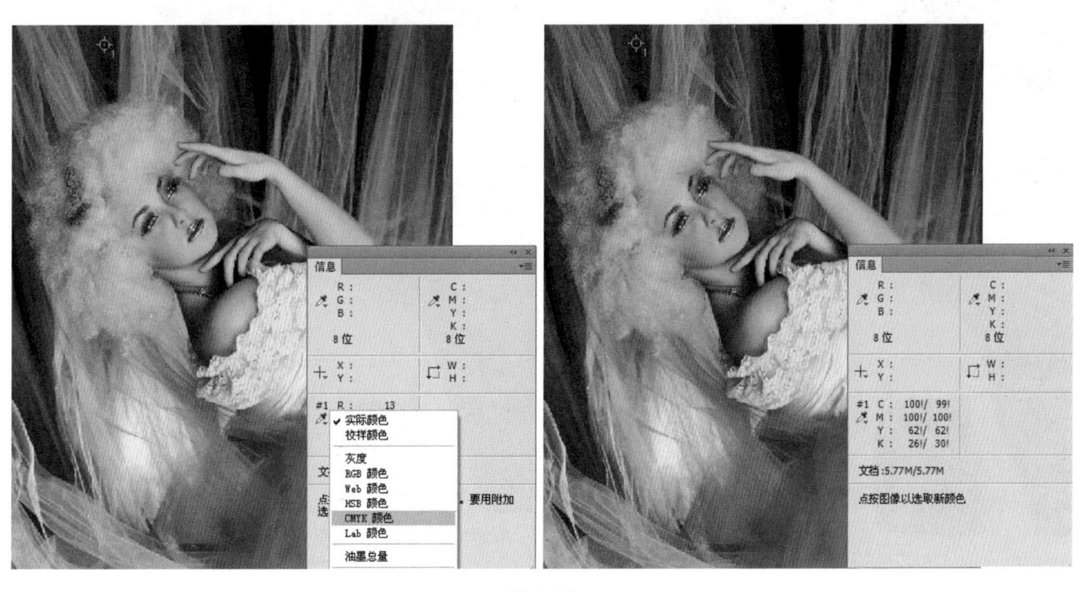

图 2.23

4.在屏幕上模拟印刷

打开一张图片，执行“视图→校样设置→工作中的 CMYK”命令，然后再执行“视图→校样颜色”命令，Photoshop 就会模拟图像在商用印刷机上的输出效果。在这种状态下进行调色，所看到的颜色与输出后的颜色基本没有多大差别。再次执行“视图→校样颜色”命令可关闭校样颜色，如图 2.24 所示。

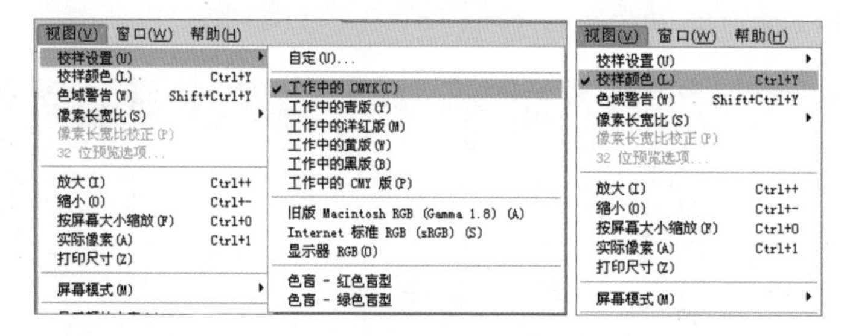

图 2.24

2.4 数码照片的颜色通道

通道用于保存照片的图像信息和颜色信息。当照片的颜色发生变化时，通道的明度也随之发生改变，可以使用通道来调色，其调整空间更大、效果更好。

2.4.1 调色调的是什么

一张彩色图像的全部色彩信息都存储在通道中，打开一张照片，执行“图像→调整→色相/饱和度”命令，在弹出的“色相/饱和度”对话框中调节参数，改变图像的颜色，观察“通道”面板，可以看到图像颜色变化的同时，通道中红、绿、蓝通道的明度也发生了变化，用其他调色命令进行调整也是这样。

由此可见，使用 Photoshop 的调色命令调整图像，实际都是在调整通道，虽然并没有在通道中直接编辑图像，Photoshop 会在内部处理通道颜色，使之变亮或者变暗，从而实现调整图像色调的目的。调色其实调的就是通道，如图 2.25 所示。

图 2.25

2.4.2　补色的应用

Photoshop 的调色命令中，“色彩平衡”和“变化”命令都是基于色彩的互补关系来进行调色的，它们直接给出了补色，所以使用起来简单而且直观。

“色彩平衡”命令的补色关系非常清楚，将滑块拖向一种颜色，就会增加该颜色，同时减少另一端补色的颜色，如图 2.26 所示。

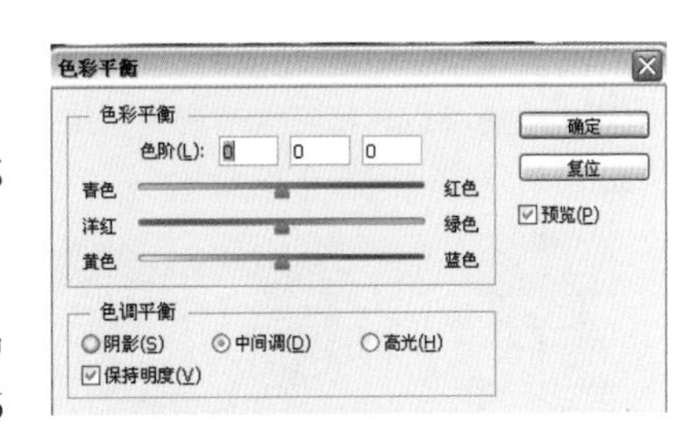

图 2.26

2.4.3　RGB 通道与光线

1.RGB通道

在 Photoshop 中打开 RGB 模式的照片，可以在“通道”面板中看到 3 个颜色通道。其中，“红”通道保存的是红光、“绿”通道保存的是绿光、“蓝”通道保存的是蓝光，这 3 个通道组合以后才能形成彩色图像。在编辑照片时，如果没有指定通道，Photoshop 就将所做的调整同时应用到所有通道；如果指定了具体通道，就能够执行一些只有使用颜色通道才能做到的操作处理，如图 2.27 所示。

RGB 通道　　红通道

绿通道　　蓝通道

图 2.27

2.光与色彩的变化

在观察通道时，某个颜色通道越亮，说明该通道光线越亮，相应的颜色也多；反之亦然。

RGB 模式调色的要点就是想要增加什么颜色，就将相应的通道颜色调亮，光线增加的同时，色彩的含量也会增加；想要减少某种颜色，就将相应的通道颜色调暗，通过减少光线的方式来减少色彩的含量，如图 2.28 所示。

图 2.28

想要增加红色时，选择“红”通道，执行“图像→调整→曲线”命令，在弹出的“曲线”对话框中调节曲线的参数，将红通道调亮；想要减少红色，就将红色调暗。当然，也可以增加或者减少补色来实现相同的目的，如图 2.29 所示。

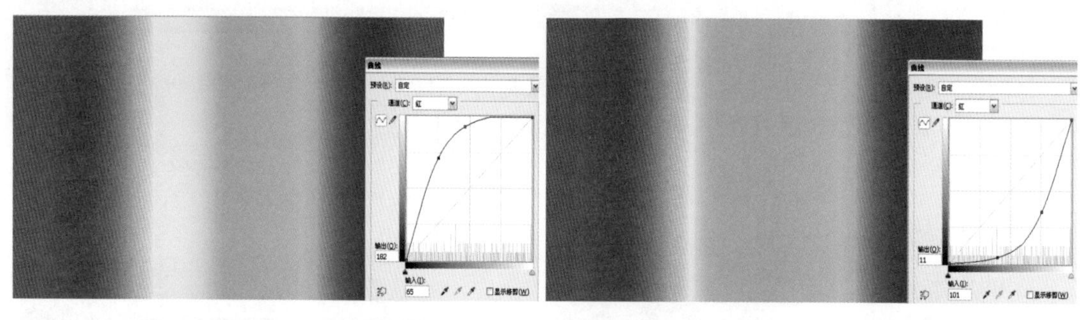

增加红色（减少青色）：将红通道调亮　　减少红色（增加青色）：将红通道调暗

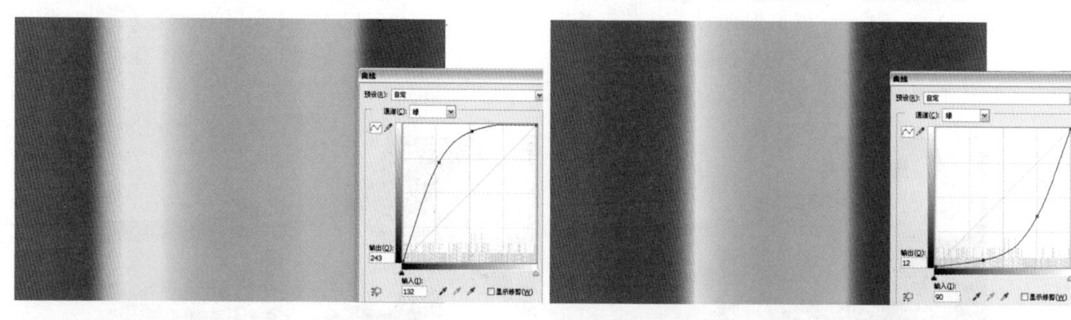

增加绿色（减少洋红色）：将绿通道调亮　　减少绿色（增加洋红色）：将绿通道调暗

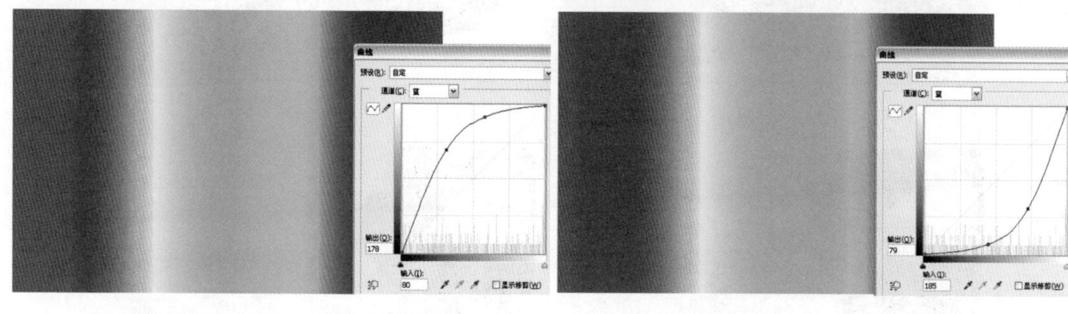

增加蓝色（减少黄色）：将蓝通道调亮　　减少蓝色（增加黄色）：将蓝通道调暗

图 2.29

2.4.4 CMYK 通道与油墨

1.CMYK通道

CMYK 模式是由青色、洋红、黄色和黑色来构建图像的，因此，该模式通道中记录的不是光，而是油墨含量，执行“图像→模式→ CMYK 模式”命令，将图像转换为 CMYK 模式后，会有很多黑色和深灰色细节转换到黑色通道中。调整黑色通道可以使阴影的细节更加清晰，而且还不会改变色相。因此，在处理黑色和深灰色时，CMYK 的优势非常明显，如图 2.30 所示。

使用 CMYK 调色时，还需要注意一个问题，因为 CMYK 模式没有 RGB 模式的色域广，有些颜色转换后就会丢失，如饱和度较高的绿色、洋红色等，这种丢失颜色后的图像的色彩没有原来鲜艳，即便再次转换为 RGB 模式也无法恢复。

因此，在对图像进行转换时，还需谨慎处理，可以使用先前所学的知识先对图像进行测试，观察一些色彩丢失的情况，再进行转换，可以执行“视图→色域警告”命令，看看溢色在整个图像中占多大的比例（画面中被灰色覆盖的区域就是溢色的区域）。或者也可以执行“视图→校样颜色”，直接用肉眼来观察色彩的变化情况。

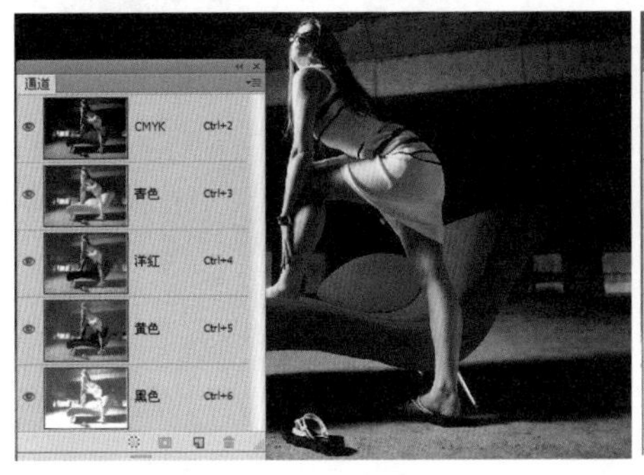

转换为 CMYK 模式图像　　　　选择黑色通道，观察图像

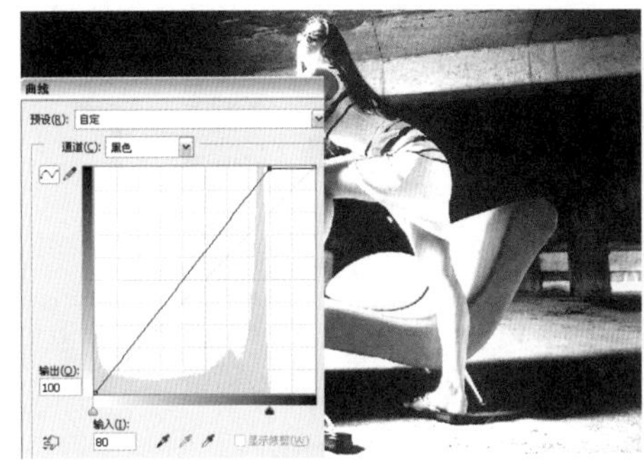

执行“曲线”命令，调整黑色通道　　　　阴影图像更加清晰，色相不受影响

图 2.30

2.油墨与色彩的变化

在 RGB 模式中，通道越亮，表示光线越多，相应的颜色也越多。而 CMYK 则相反，通道越亮，油墨越少，相应的颜色也越少。因此，CMYK 模式调色的重点是：要增加哪种颜色，就将相应的通道调暗，增加油墨量；要减少哪种颜色，就将相应的通道调亮，减少油墨量，如图 2.31 所示。

> Tips
>
> RGB 与 CMYK 的调色差异
>
> 调整 RGB 模式的图像时，曲线向上，通道变亮，增加颜色；曲线向下，通道变暗，减少颜色。而调整 CMYK 模式的图像时，曲线向上，通道变暗，减少油墨量；曲线向下，通道变亮，增加油墨量。

增加青色（减少红色）：将青色通道调暗　　　　减少青色（增加红色）：将青色通道调亮

图 2.31

增加洋红色（减少绿色）：将洋红色通道调暗

减少洋红色（增加绿色）：将洋红色通道调亮

增加黄色（减少蓝色）：将黄色通道调暗

减少黄色（增加蓝色）：将黄色通道调亮

图 2.31 续

2.4.5 Lab 模式与色彩

1.Lab模式的通道

使用 RGB 和 CMYK 模式调色时，每个通道不仅会影响图像的色彩，还会改变颜色的明度。Lab 模式则不同，它可以将亮度信息和明度信息分开，因此能够在不改变图像亮度的情况下改变图像的色相。打开一张照片，执行“图像→模式→ Lab”模式，将它转换为 Lab 模式，其中明度通道保存的是明度信息（表示图像的明暗程度），没有任何色彩；a 通道表示由绿色到洋红色的光谱变化；b 通道表示由蓝色到黄色的光谱变化，如图 2.32 所示。

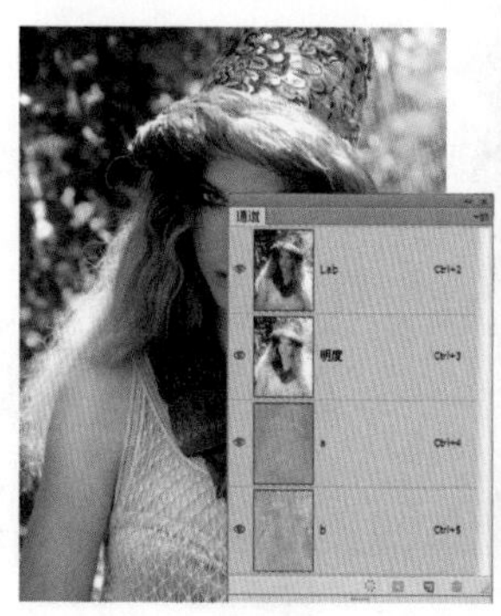

Lab 通道

明度通道

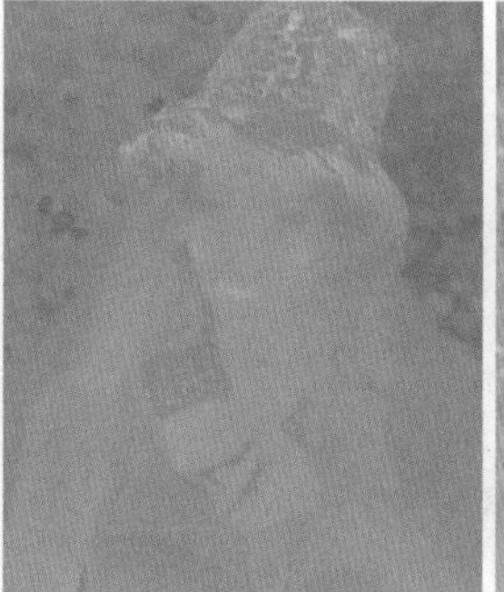

a 通道

b 通道

图 2.32

2.Lab模式通道与色彩的变化

Lab 模式中的 a 通道和 b 通道比较特殊，它们不止包含一种颜色，a 通道包含的颜色介于绿色和洋红色之间；b 通道中包含的颜色介于黄色和蓝色之间。因此，将 a 通道调亮，就会增加洋红色，将 a 通道调暗，就会增加绿色；将 b 通道调亮，就会增加黄色，将 b 通道调暗，就会增加蓝色。而需要调整图像的明暗度时，就要调整明度通道，将明度通道调亮，图像色调变亮；将明度通道调暗，图像则会变暗，如图 2.33 所示。

> **Tips**
>
> Lab 模式的色彩转换优势
>
> 将一张照片的 RGB 模式转换为 CMYK 模式，会丢失鲜艳的色彩；但是将其转换为 Lab 模式就不会有任何损失，因为 Lab 模式包含 RGB 的全部色域。

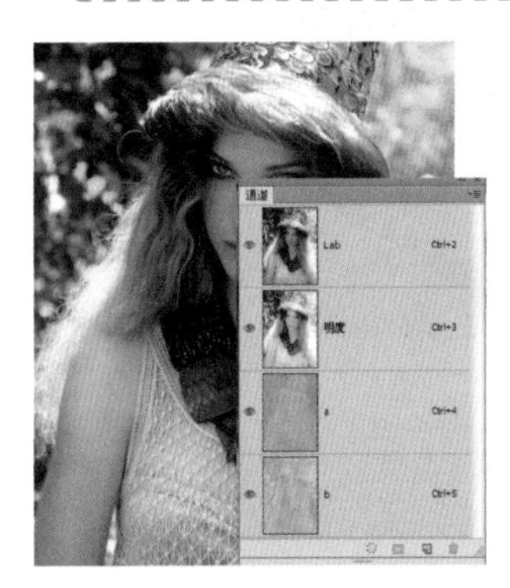

提高明度，图像变亮

降低明度，图像变暗

将 a 通道调亮，增加洋红色　　将 a 通道调暗，增加绿色

将 b 通道调亮，增加黄色　　将 b 通道调暗，增加蓝色

图 2.33

2.5 数码照片的直方图

直方图是一种统计图形，Photoshop 的直方图用图形表示了图像的每个亮度级别的像素数量，展现了像素在图像中的分布情况，通过直方图可以看到整个图片的色阶信息和色彩信息。将直方图的形状分成 3 份，左边表示阴影，中间表示中间调，右侧表示高光；波浪越高，表示该区域像素越多，如图 2.34 所示。

图 2.34

平均值：显示图像的平均亮度值（0 ～ 255）。通过观察该值，可以判断出图像的色调类型。图 2.35 所示的图像的“平均值”为 164.58，直方图中的山峰位于直方图的中间偏右处，说明该图像属于平均色调且偏亮。

标准偏差：显示亮度值的变化范围，该值越高，说明图像的亮度变化越剧烈。图 2.36 所示为调高图像亮度值后的状态，“标准偏差”由调整前的 54.73 变为 67.15，说明图像的亮度变化在减弱。

图 2.35

图 2.36

中间值：显示亮度值范围内的中间值，图像的色调越亮，其中间值越高，如图 2.37 所示。

图 2.37

像素：显示用于计算直方图的像素总数。

色阶/数量：“色阶”显示了光标下面区域的亮度级别；“数量”显示了相当于光标下面亮度级别的像素总数。

百分位：显示光标所在位置的级别或者该级别以下的像素累计数。如果对全部色阶范围进行取样，该值为 100；如果对部分色阶取样，显示的是取样部分占总量的百分比，如图 2.38 所示。

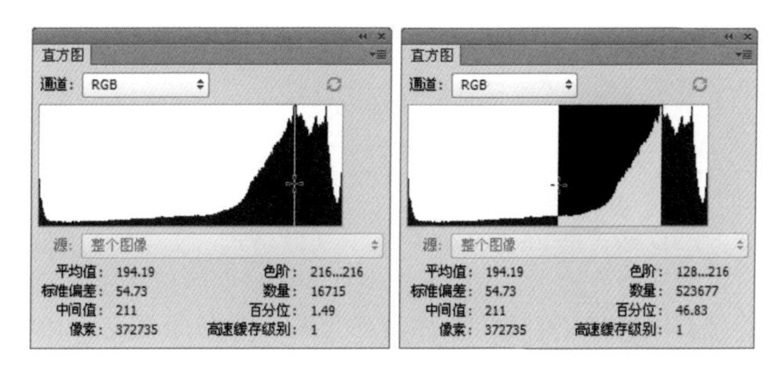

图 2.38

Tips

使用“色阶”或者“曲线”调整图像时，“直方图”面板中会出现两个直方图，黑色的是当前调整状态下的直方图，灰色的则是调整前的直方图。应用调整后，原始直方图会被新的直方图取代。

2.6 常用的数码照片格式

目前流行的图像文件格式主要包括 JPEG、TIFF、PSD、PNG 等，具体介绍如下。

2.6.1 JPEG 格式

JPEG 格式广泛应用于多种系统平台，此格式采用渐进式压缩方法，显示方式由模糊到清晰，让用户提前看到整张图像的全貌。JPEG 格式支持 RGB、CMYK 和灰度模式，不支持 Alpha 通道。在 Photoshop 中保存时会弹出“JPEG 选项”对话框，如图 2.39 所示。

图 2.39

优点　支持多平台，具有较好的压缩效果，压缩比例大，广泛应用网页、喷绘和写真输出，用户可根据需要确认输出的品质。

缺点

品质：将压缩品质数值设置得过大时，会损失图像的某些细节。

基线：生成的图像可被大多数 Web 支持。

基线已优化：优化图像的彩色品质并产生较小的文件，部分 Web 不支持。

连续：在图像下载过程中逐渐显示图像，部分 Web 不支持。

2.6.2 TIFF 格式

TIFF 是一种通用的文件格式，所有的绘画、图像编辑和排版程序都支持该格式。该格式支持具有 Alpha 通道的 CMYK、RGB、Lab、索引模式和灰度图像，以及没有 Alpha 通道的位图模式图像，在 Photoshop 中保存时会弹出“TIFF 选项”对话框，如图 2.40 所示。

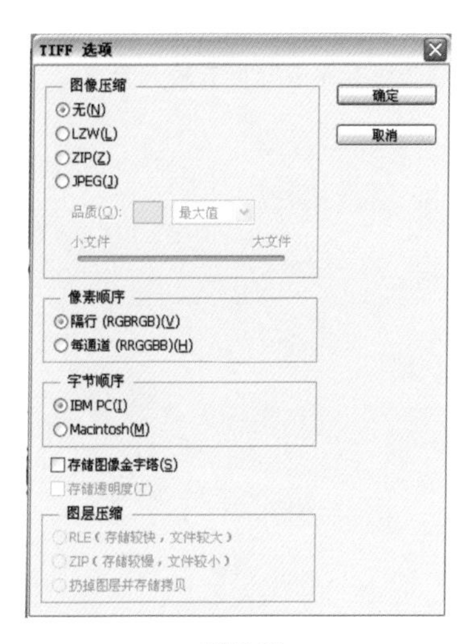

图 2.40

优点　具有良好的兼容性，广泛应用于多种平台，几乎所有的桌面扫描仪都可以产生 TIFF 图像。

缺点

图像压缩：有无、LZW、ZIP、JPEG 共 4 种方式，表示存储图像是否应用某种压缩方式，以减小文件大小，其中 LZW、ZIP 属于无损压缩方式。

像素顺序：图像存储的一种方式。

字节顺序：IBM PC 是指图像应用于个人计算机；Macintosh 是指图像应用于苹果计算机。

2.6.3 PSD 格式

PSD 格式是 Photoshop 默认的文件格式，支持所有 Photoshop 可用的图像模式，它可以保留文档中的所有图层、蒙版、通道、路径、未栅格化的文字、图层样式等。在 Photoshop 中保存时会弹出“存储为”对话框，如图 2.41 所示。

优点 保存未编辑完的图像，方便第二次操作。

缺点 占用内存大，仅 Adobe 家族软件支持此格式，其他应用软件支持的比较少。

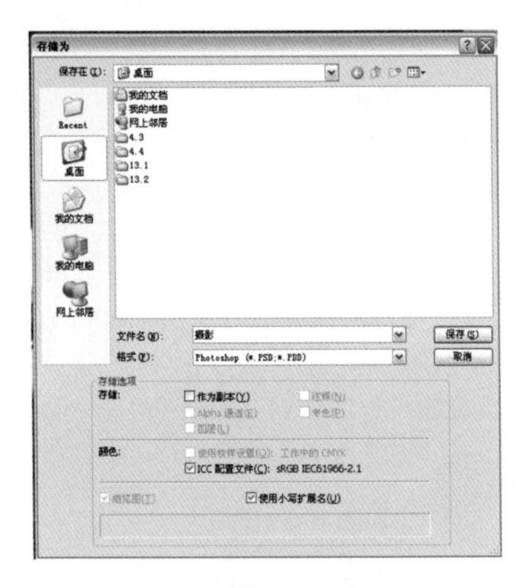

图 2.41

2.6.4 PNG 格式

PNG 格式是作为 GIF 的无专利替代产品而开发的，用于无损压缩和在 Web 上显示图像。PNG 支持 244 位图像并产生无锯齿状的透明背景度。在 Photoshop 中保存时会弹出对话框，如图 2.42 所示。

优点 压缩比高，生成文件容量小，支持透明图像存储，清晰度高，可广泛应用于网页、Java 程序等。

缺点 在网页浏览器中查看时，交错式图像随着下载逐渐出现，由低分辨率过渡到完整分辨率。

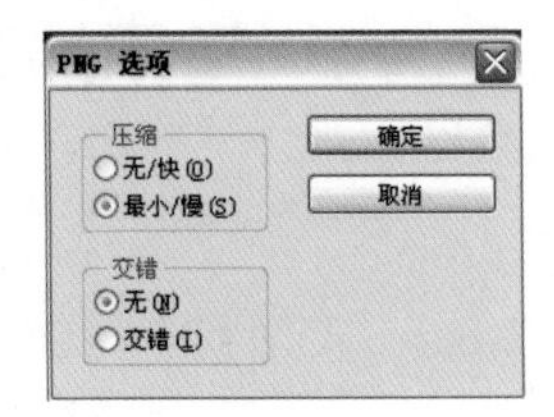

图 2.42

2.6.5 RAW 格式

Camera Raw 可以调整照片的白平衡、色调、饱和度，以及校正镜头缺陷。使用 Camera Raw 调整 RAW 照片时，将保留图像原来的相机原始数据，调整内容或者存储在 Camera Raw 数据库中，作为元数据嵌入图像文件中。

优点 当拍摄的照片存在瑕疵时，通过后期处理会使照片的质量有所下降，所以在使用 JPEG 格式拍摄时，需要特别注意白平衡的设置。如果拍摄时采用 RAW 格式，就可以不必过于考虑白平衡问题，因为 Camera Raw 可以改变白平衡，而不会影响照片的质量。

缺点 RAW 拥有 JPEG 图像无法比拟的大量拍摄信息。普通的 JPEG 文件可以预览，而 RAW 格式如果不匹配专用的软件进行成像处理，就无法浏览。RAW 文件的大小是相同分辨率的 JPEG 文件的 2 ～ 3 倍，对存储卡容量有较大要求。

第3章 Photoshop 摄影后期基础

Adobe 公司推出的 Photoshop 软件是当前功能最强大、使用最广泛的图形图像处理软件，以其领先的数字艺术理念、可扩展的开发性及强大的兼容能力，广泛应用于计算机美术设计、数码摄影、出版印刷等诸多领域。

3.1 初识 Photoshop

在图像处理中，没有什么软件比 Photoshop 使用得更广泛，不管是广告创意、平面构成、三维效果还是后期处理，Photoshop 都是最佳的选择。尤其是在印刷品的图像处理上，Photoshop 更是无可替代的专业软件。本节主要介绍 Photoshop 的应用领域。

Photoshop 带给摄影师、画家及广大设计人员许多实用的功能，就像使用五颜六色的毛笔在图纸上绘出美妙的图画一样，利用 Photoshop 中的工具也可以将人们的想法以图像的形式表现出来。Photoshop 从修复数码照片到制作出精美的图片并上传到网上，从工作中的简单图案设计到专业印刷设计师或者网页设计师的图片处理工作，无所不及，无所不能。

在 Photoshop 中，可以将一张数码照片根据需要处理成不同风格的图像，方便、快捷地制作一些艺术效果，给人们的生活添加许多风采。

3.2 Photoshop 的界面

启动 Photoshop 后，可以看到用来进行图形操作的各种工具、菜单及面板的默认操作界面。本节将学习 Photoshop 中的大多数构成要素及工具、菜单和面板。

3.2.1 Photoshop 的工作界面

Photoshop 的工作界面主要由工具箱、菜单栏、面板和编辑区等组成，如图 3.1 所示。如果熟练掌握了各组成部分的基本名称和功能，就可以自如地对图形图像进行操作。

❶菜单栏：可以快速切换到所需的工作区操作界面，如“基本功能”“设计”“绘画”和“摄影”等，如图 3.2 所示。

❷选项栏：在选项栏中可设置在工具箱中所选工具的选项。根据所选工具的不同，所提供的属性栏也有所区别，如图 3.3 所示。

❸工具箱：包含 Photoshop 中的常用工具，单击相应图标即可选择该工具。右击或者按住右下角带有小三角的工具图标可以打开隐藏的工具组，如图 3.4 所示。

❹图像窗口：用于显示 Photoshop 中当前操作的图像窗口，如图 3.5 所示。

❺状态栏：位于图像窗口下端，用于显示当前图像的文件大小、显示比例及图片的各种信息说明，如图 3.6 所示。

图 3.1

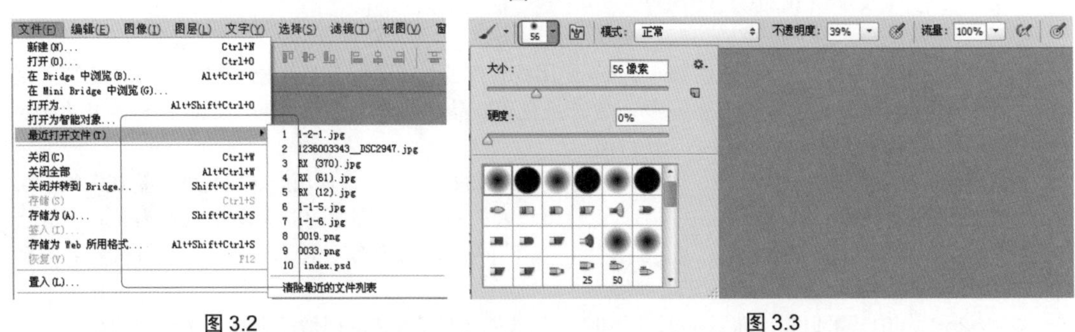

图 3.2　　图 3.3

❻面板：在用户使用 Photoshop 中的各项功能时，以面板的形式提供，如图 3.7 所示。

在 Photoshop 中，可以利用新增的功能来设置不同的界面主题和屏幕模式，会使界面的外观表现出不同的效果和风格。图 3.8 是 Photoshop 软件中自带的 4 种桌面主题效果。在本书中，我们统一将界面设置为图 3.8（d）所示的界面外观来显示。

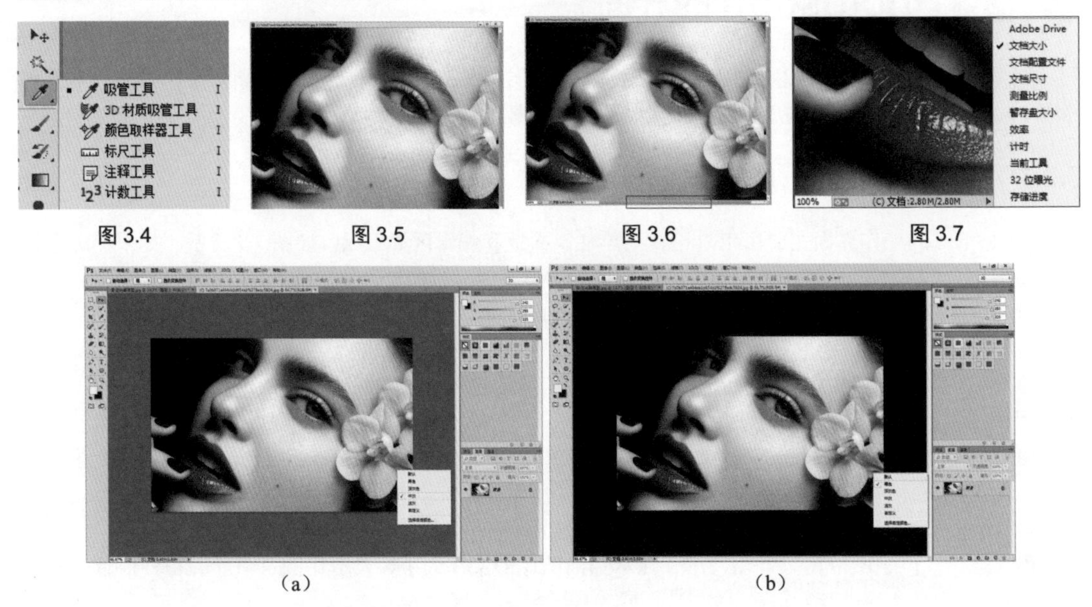

图 3.4　图 3.5　图 3.6　图 3.7

（a）　（b）

图 3.8

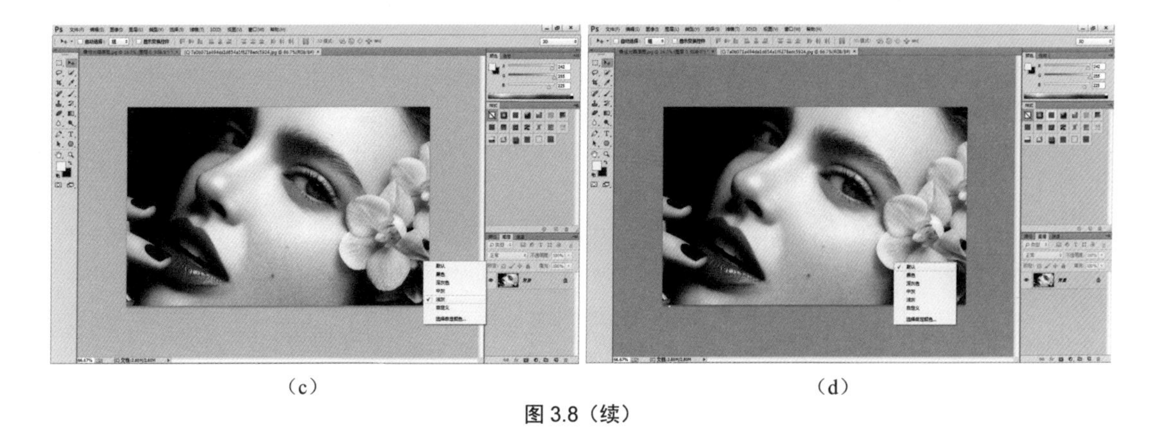

（c）　　　　　　　　　　　　（d）

图 3.8（续）

3.2.2　Photoshop 的工具箱

启动 Photoshop 后，工具箱会默认显示在屏幕左侧。工具箱中列出了 Photoshop 中的常用工具，通过这些工具，用户可以输入文字，选择、绘制、编辑、移动、注释和查看图像，或者对图像进行取样，还可以更改前景色和背景色，以及在不同的模式下工作。可以展开右下角带有小三角的工具以查看它们后面隐藏的工具。将鼠标指针放在工具图标上，将出现工具名称和快捷键提示，如图 3.9 所示。

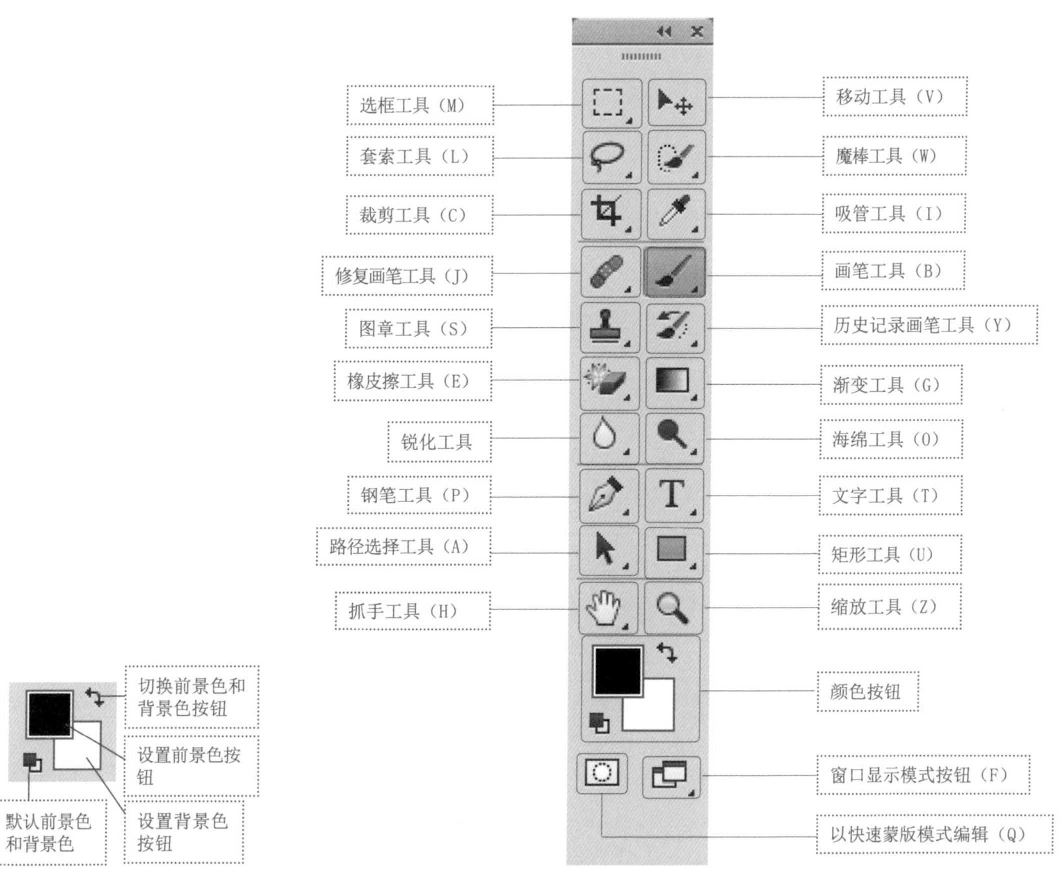

图 3.9

Camera Raw 可以调整照片的白平衡、色调、饱和度，并能校正镜头缺陷。使用 Camera Raw 调整 RAW 模式的照片时，将保留图像原来的相机原始数据，调整内容将存储在 Camera Raw 数据库中，作为元数据嵌入在图像文件中。

3.2.3 Photoshop 的隐藏工具

单击工具箱中的一个工具图标即可选择该工具，右下角带有三角形的工具图标表示该工具下含有隐藏工具，在这样的工具图标上按住鼠标左键即可显示隐藏的工具，然后移动鼠标指针即可选择该工具，如图 3.10 所示。

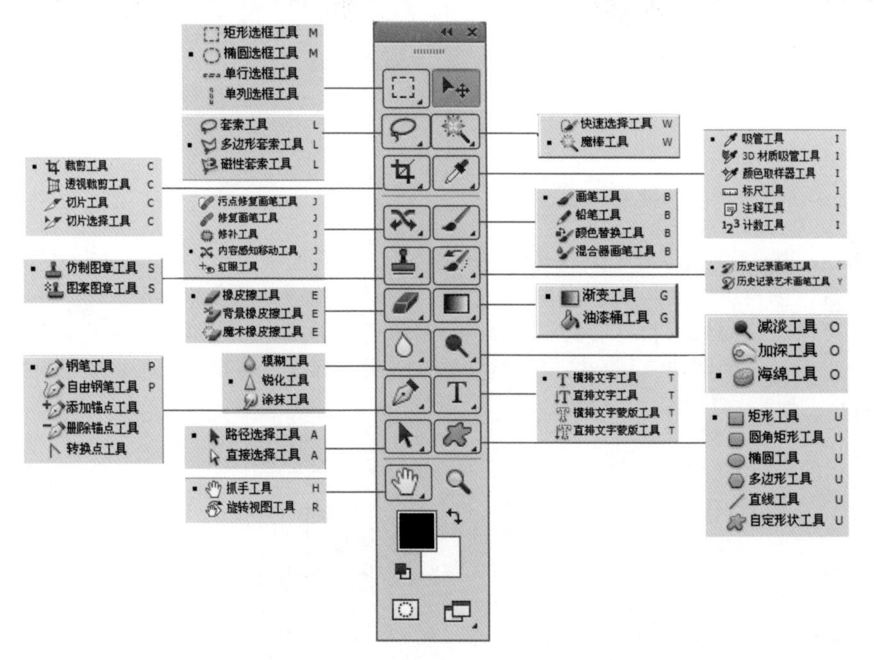

图 3.10

（矩形选框/椭圆选框/单行选框/单列选框）工具	用于指定矩形或者椭圆选区
（套索/多边形套索/磁性套索）工具	多用于指定曲线、多边形或者不规则形态的选区
（裁剪/透视裁剪/切片/切片选择）工具	在制作网页时，用于裁剪 / 切割图像
（污点修复画笔/修复画笔/修补/内容感知移动/红眼）工具	用于复原图像或者消除红眼现象
（仿制图章/图案图章）工具	用于复制特定图像，并将其粘贴到其他位置
（橡皮擦/背景橡皮擦/魔术橡皮擦）工具	用于擦除图像或者用指定的颜色删除图像
（模糊/锐化/涂抹）工具	用于模糊处理或者鲜明处理图像
（钢笔/自由钢笔/添加锚点/删除锚点/转换点）工具	用于绘制、修改或者对矢量路径进行变形
（路径选择/直接选择）工具	用于选择或者移动路径和形状
（抓手/旋转视图）工具	用于拖动或者旋转图像
（快速选择/魔棒）工具	可以快速地选择颜色相近且相邻的区域
（吸管/3D 材质吸管/颜色取样器/标尺/注释/计数）工具	用于去除色样或者度量图像的角度或长度，并可插入文本
（画笔/铅笔/颜色替换/混合器画笔）工具	用于表现毛笔或者铅笔效果
（历史记录画笔/历史记录艺术画笔）工具	将选定状态或者快照的副本绘制到当前图像窗口中或复原图像
（渐变/油漆桶）工具	用特定的颜色或者渐变进行填充
（减淡/加深/海绵）工具	用于调整图像的色相和饱和度
（矩形/圆角矩形/椭圆/多边形/直线/自定形状）工具	用于指定矩形或者椭圆等选区
（横排文字/直排文字/横排文字蒙版/直排文字蒙版）工具	用于横向或者纵向输入文字或文字蒙版

3.2.4　Photoshop 的面板

面板汇集了图像操作常用的选项或者功能。在编辑图像时，选择工具箱中的工具或者执行菜单栏中的命令以后，使用面板可以进一步细致地调节各个选项，也可以将面板中的功能应用到图像上。Photoshop 中根据各种功能的分类提供了如下面板。

	3D 面板：可以为图像制作出立体的效果		“动作”面板：利用该面板可以一次完成多个操作过程。记录操作顺序后，在其他图像上可以一次性应用整个操作过程
	“导航器”面板：通过放大或者缩小图像来查找指定区域。利用视图框便于搜索大图像		“测量记录”面板：可以为记录中的列重新排序，为列中的数据排序，删除行或列，或者将记录中的数据导出到以逗号分隔的文本文件中
	“段落”面板：利用该面板可以设置与文本段落相关的选项。可调整行间距、增加缩进或者减少缩进等。		“调整”面板：用于对图像进行非破坏性调整，在调整的同时会生成相应的调整图层
	“仿制源”面板：具有用于仿制图章工具或者修复画笔工具的选项。可以设置 5 个不同的样本源并快速选择所需的样本源，而无须在每次需要更改为不同的样本源时重新取样		“字符”面板：在编辑或者修改文本时提供相关功能的面板。可设置的主要选项有文字大小和间距、颜色、字间距等
	“动画”面板：可以将静态的图像以动态的形式表现出来		“路径”面板：用于将选区转换为路径，或者将路径转换为选区。利用该面板可以应用各种路径相关功能
	“历史记录”面板：该面板用于恢复操作过程，将图像操作过程按顺序记录下来		“工具预设”面板：在该面板中可保存常用的工具。可以将相同的工具保存为不同的设置，因此可以提高操作效率
	“色板”面板：该面板用于保存常用的颜色。单击相应的色块，该颜色就会被指定为前景色		“通道”面板：该面板用于管理颜色信息或者利用通道指定选区，主要用于创建 Alpha 通道及有效管理颜色通道

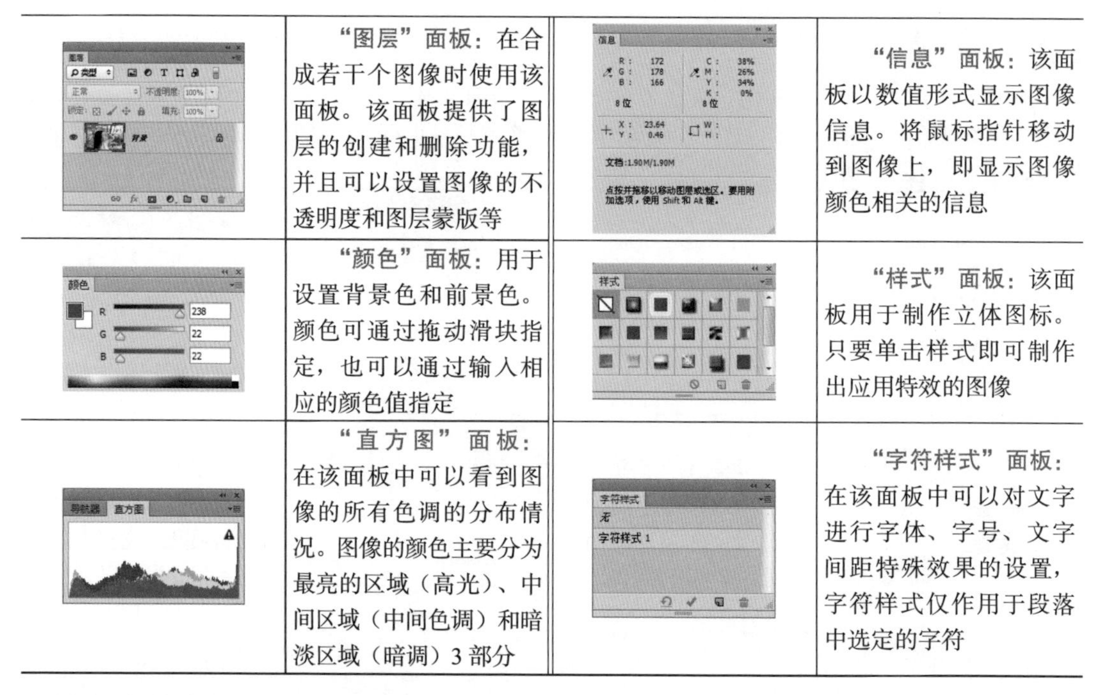

	“图层”面板：在合成若干个图像时使用该面板。该面板提供了图层的创建和删除功能，并且可以设置图像的不透明度和图层蒙版等		“信息”面板：该面板以数值形式显示图像信息。将鼠标指针移动到图像上，即显示图像颜色相关的信息
	“颜色”面板：用于设置背景色和前景色。颜色可通过拖动滑块指定，也可以通过输入相应的颜色值指定		“样式”面板：该面板用于制作立体图标。只要单击样式即可制作出应用特效的图像
	“直方图”面板：在该面板中可以看到图像的所有色调的分布情况。图像的颜色主要分为最亮的区域（高光）、中间区域（中间色调）和暗淡区域（暗调）3 部分		“字符样式”面板：在该面板中可以对文字进行字体、字号、文字间距特殊效果的设置，字符样式仅作用于段落中选定的字符

3.2.5 实战案例：调整工具箱

在 Photoshop 中可以随意移动工具箱和面板，也可以调整面板大小。将面板移动到不妨碍操作的位置或者隐藏面板，都是非常基本的功能。

Step 01 打开素材图像“3.2.5.jpg”，在 Photoshop 中可根据操作习惯调整工具箱和面板的位置。单击工具箱上方的深灰色标签并按住鼠标左键不放，可将其拖动到任意位置，如图 3.11 所示。

图 3.11

Step 02 要想把工具箱重新放回到原位置，可执行“窗口→工作区→复位基本功能”命令。可以看到，工具箱和面板恢复到了初始位置，如图 3.12 所示。

> **提示：复位工具箱的其他方法**
>
> 除了用命令来复位工具箱，还可以直接单击工具箱上方的灰色条，将其拖曳到软件窗口的左上方，待其吸附后释放鼠标即可。

图 3.12

Step03 在操作过程中，如果习惯将工具箱分成两列显示，只需单击工具箱左上角的 ▸▸ 按钮即可，如图 3.13 所示。

图 3.13

3.2.6　实战案例：调整面板

编辑图像时，还可以随意移动面板和调整面板大小，将面板移动到不妨碍操作的位置，或者隐藏面板。下面继续使用上例中的图像讲解调整面板的基本方法。

Step01 图 3.14 所示为面板的移动过程。用鼠标拖动面板上方的灰色条，拖曳到合适位置释放鼠标即可。

图 3.14

Step02 如果想隐藏不必要的面板，只需执行面板控制菜单中的“关闭”命令即可，如图 3.15 所示。

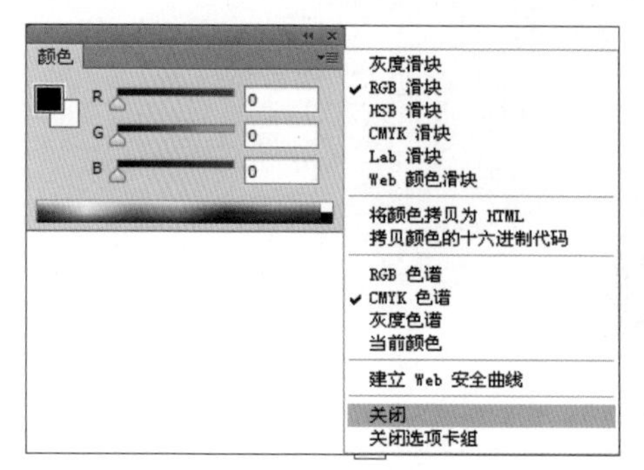

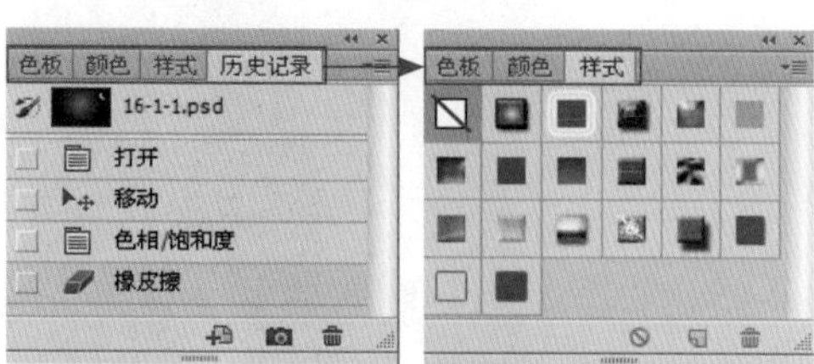

图 3.15

Step03 如果隐藏了不必要的面板，则画面上只显示部分面板，可扩大操作区域，提高工作效率。若想再打开面板，则在“窗口”菜单中选择相应的面板名称。例如，执行“窗口→段落”命令，可打开“段落”面板，如图 3.16 所示。

Step04 调整图层面板的大小。首先单击“图层”面板的标签，并将其移动到画面的其他位置。将鼠标光标移动到面板的边缘，待鼠标指针变为↕形状时，单击并拖动鼠标即可调整其大小，如图 3.17 所示。

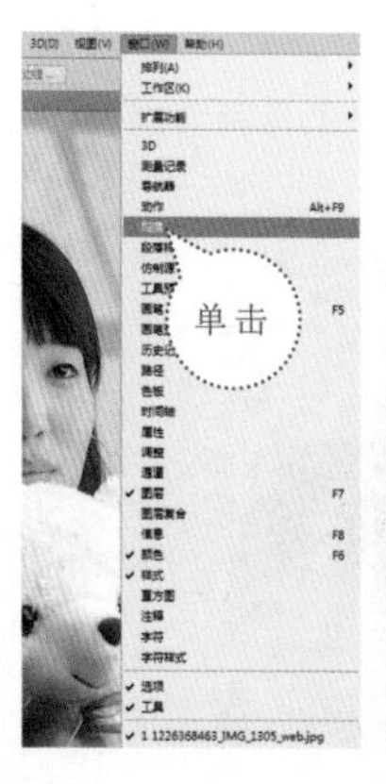

图 3.16

图 3.17

3.2.7 实战案例：新建和保存文件

在 Photoshop 中既可以编辑一个现有的图像，也可以创建一个全新的空白文件，然后在上面进行绘画，或者将其他图像拖入其中，再对其进行编辑，完成编辑后可将其保存。

1.创建新文件

Step01 启动 Photoshop 后，执行“文件→新建”命令。

Step02 在弹出的“新建”对话框中可以设置新文件的大小。将新建文件的名称保存为默认的“未

标题 -1”，然后将文件的大小设为宽 1440，高 900，单位为“像素”，单击“确定”按钮，如图 3.18 所示。

Step03 图像窗口中会弹出新建的空白文件，新文件的大小为宽 1440 像素，高 900 像素，白色部分即为操作区域，如图 3.19 所示。

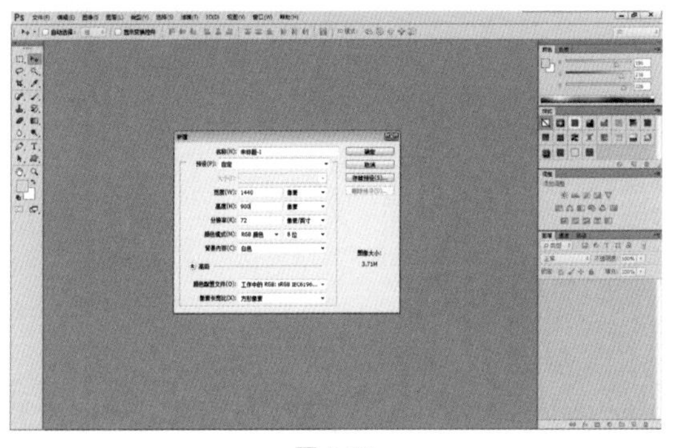

图 3.18

图 3.19

2.选择文件大小

Step01 选择 Photoshop 中提供的图像文件大小，也可以制作出大小各异的窗口。执行“文件→新建”命令，弹出“新建”对话框。

Step02 单击“预设”选项的下拉按钮▼，在下拉列表中选择“国际标准纸张”选项。

Step03 本例选择的是 A3 选项，如图 3.20 所示。

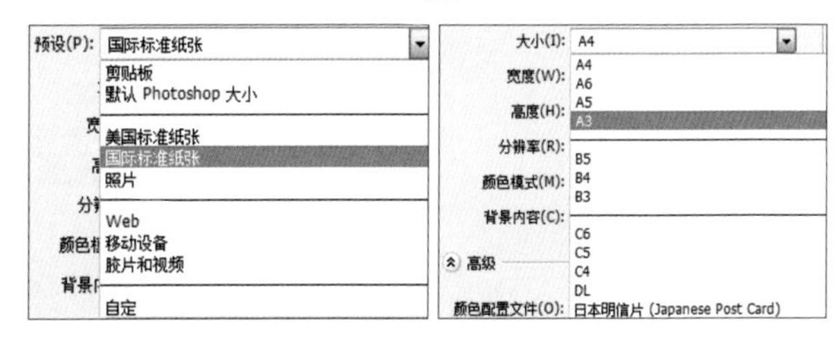

图 3.20

3.颜色配置文件的设置

在“颜色配置文件”下拉列表中，可以为新建文件选择一种颜色配置模式，如图 3.21 所示。

4.像素长宽比的设置

在“像素长宽比”下拉列表中，根据需要选择一种像素长宽比例模式。所有选项设置完毕后，单击“确定”按钮，如图 3.22 所示。

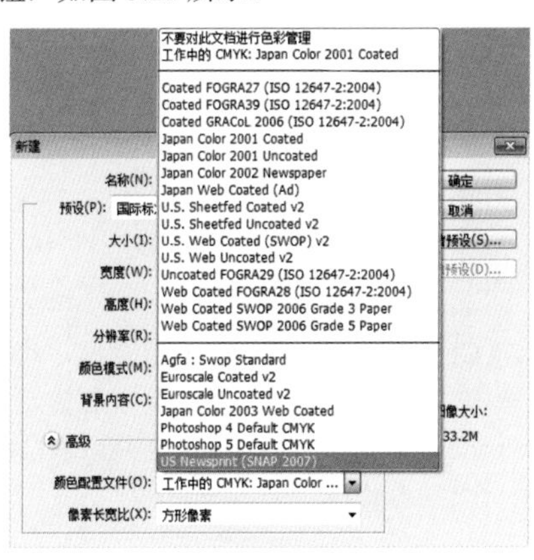

图 3.21

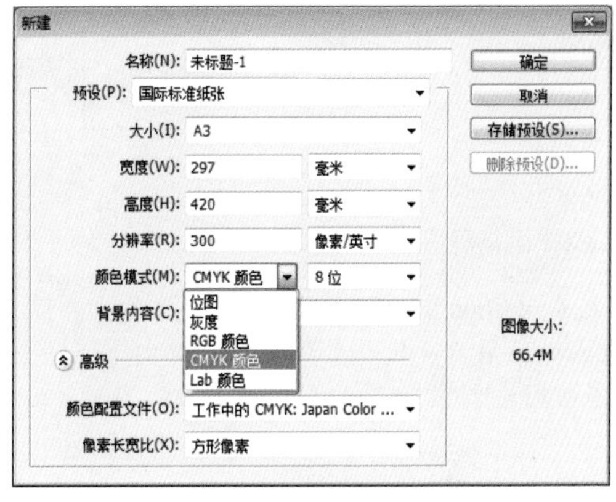

图 3.22

5.保存文件

Step01 要保存新建的文件，可以执行“文件→存储为”命令（或者按【Shift+Ctrl+S】组合键）。

Step02 弹出“存储为”对话框，输入文件名后，在“格式”下拉列表中选择文件格式。在本例中，将文件名设置为“001”，并选择 JPEG 文件格式。设置完毕后单击“保存”按钮，如图 3.23 所示。

图 3.23

6.设置图像的画质

在弹出的“JPEG 选项”对话框中可设置图像的画质。为了缩小文件的容量，在“图像选项”选项组中将“品质”设置为“最佳”，然后单击“确定”按钮，如图 3.24 所示。

7.关闭文件

执行“文件→关闭”命令或单击图像窗口右上方的“关闭”按钮，即可关闭当前编辑文件。也可用同样的方法关闭之前制作的图像，如图 3.25 所示。

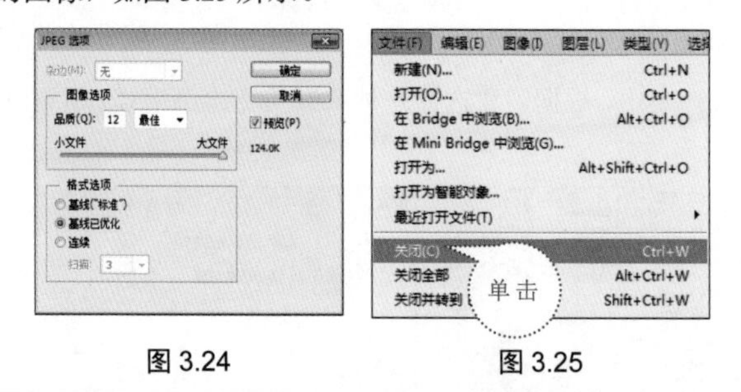

图 3.24　　图 3.25

知识拓展

在 Photoshop 中关闭完所有正在操作的文件后，按【Ctrl+W】或【Alt+F4】组合键，均可关闭 Photoshop 软件；如果在 Photoshop 中打开了一个或者多个文件，按【Ctrl+W】组合键，可以关闭当前图像文件，按【Alt+F4】组合键，可以关闭 Photoshop 软件，同时所有的文件也随之关闭。

3.2.8 实战案例：查看图像的基本信息

打开一个图像后，在“打开”对话框中就会出现关于该图像的一些基本信息，便于用户更进一步了解图像的内容。另外，在操作过程中，也可以用其他方法来查看图像的基本信息。

Step 01 执行“文件→打开”命令，在弹出的“打开”对话框中单击指定的图像文件，可以看到该图像的尺寸为 1500×1100，大小为 689KB，如图 3.26 所示。

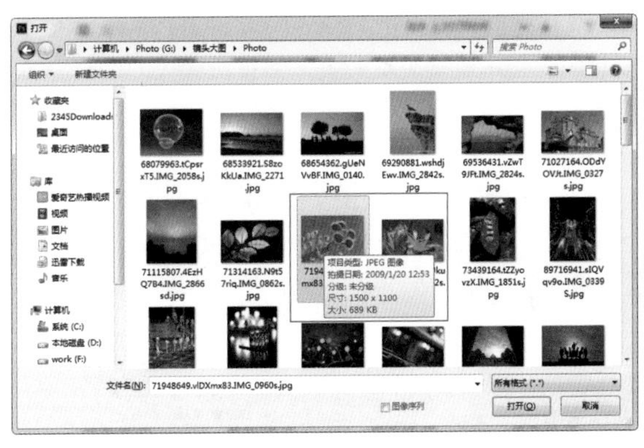

图 3.26

Step02 单击“打开”对话框中的“打开”按钮，打开所选图像后可以看到图像文件窗口是以选项卡的方式显示的，并且在图像文件选项卡标签上会显示该图像文件的格式、色彩模式及显示比例等基本信息。如果不习惯将图像以选项卡的显示方式打开，可以改用以前版本的传统显示方式，方法是在图像文件选项卡标签上右击，然后在弹出的快捷菜单中选择“移动到新窗口”命令，这样就可以恢复成传统的窗口显示方式，如图 3.27 所示。

Step03 执行“图像→图像大小”命令，在弹出的“图像大小”对话框的“文档大小”选项组中可以看到，该图像文件的“宽度”为 52.92 厘米、“高度”为 38.81 厘米、“分辨率”为 72 像素 / 英寸，如图 3.28 所示。

图 3.27

图 3.28

提示：如何以选项卡的方式打开文档？

如果希望每次打开文档时均以选项卡方式显示文档，可以在启动 Photoshop 软件后，不打开任何文档，选择“编辑→首选项→界面”命令，在弹出的对话框下方选择“以选项卡方式打开文档”复选框，则以后在 Photoshop 中打开任何文档时均以选项卡方式显示文档。

3.3 图像的基础操作

在 Photoshop 中，可以灵活地对图像进行各种操作，最终达到完美的效果。要想灵活地处理图像，必须掌握对图像的基础操作。在 Photoshop 中，图像的基础操作一般包括文件的置入、画布的调整、图像的旋转等。

3.3.1 实战案例：置入文件

启动 Photoshop 后，即可通过执行“文件→置入”命令将图片放入图像中的一个新图层内。在

Photoshop 中，可以置入 PDF、Adobe Illustrator 和 EPS 文件。PDF、Adobe Illustrator 或者 EPS 文件在置入之后都会被栅格化，因而无法编辑所置入图片中的文本或者矢量数据，并且所置入的图片是按其文件的分辨率进行栅格化的。

1.打开软件

启动 Photoshop 软件后，执行“文件→打开”命令，打开一个图像文件，如图 3.29 所示。

图 3.29

2.置入图像

Step01 选取“文件→置入嵌入对象”，在弹出的“置入”对话框中选择要置入的文件，单击“置入”按钮，如图 3.30 所示，按【Enter】键进行变换，如图 3.31 所示。

Step02 在“图层”面板中该图层的空白处右击，在弹出的快捷菜单中选择“栅格化图层”命令，将其转换为普通图层，如图 3.32 所示。

图 3.30

图 3.31

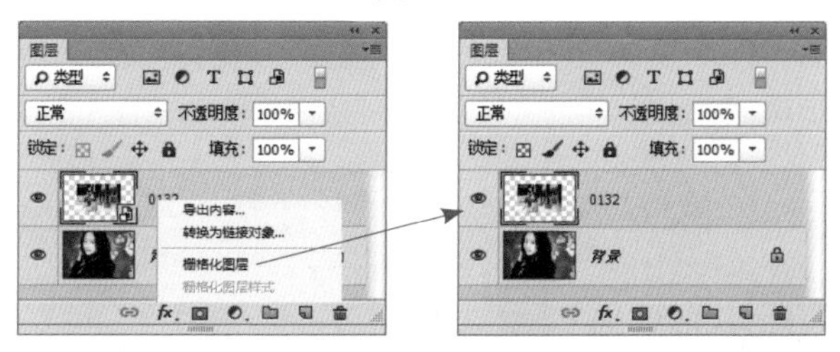

图 3.32

提示：正确置入多页PDF文件

如果所置入的文件是包含多页的 PDF 文件，则在弹出的对话框中选择要置入的页面，然后单击“好”按钮，置入的图片会出现在 Photoshop 图像中央的定界框中。图片会保持其原始的长宽比，但是如果图片比 Photoshop 图像大，则将被重新调整到合适的尺寸。

3.3.2　快速打开文件

在 Photoshop 中，要制作图像首先要打开文件，除了执行“文件→打开”命令，还有一种更加便捷快速的方法。

双击 Photoshop 的背景空白处（默认为灰色显示区域），弹出如图 3.33 所示的对话框，在其中选择想要打开的文件，单击“打开”按钮即可。

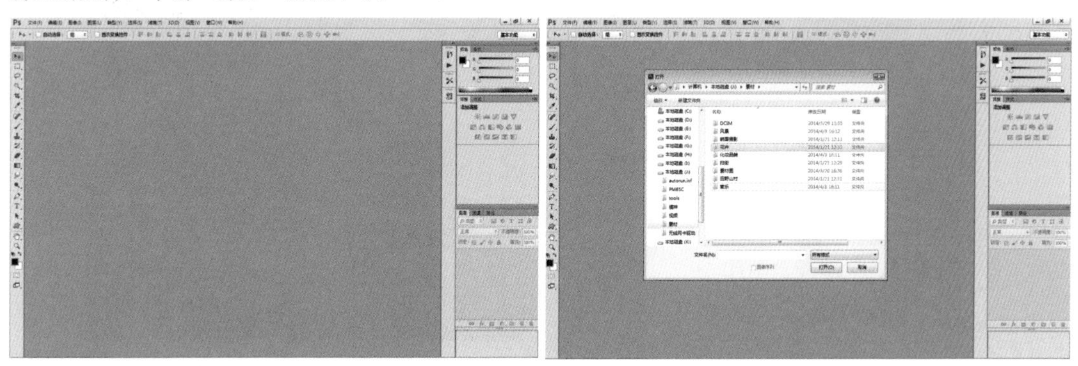

图 3.33

3.3.3 实战案例：调整画布大小

在进行绘图处理时，有时会因为素材的尺寸关系，需要对画布大小进行调整。例如，当素材的宽度或者高度超出图像窗口的显示范围后，可以通过增加画布的尺寸将图像完全显示；当只需要图像中的局部画面时，可以通过裁剪图像来缩小画布。可以通过以下两种方法对画布进行调整。

方法 1：使用裁剪工具。裁剪工具是在调整画布大小时经常使用的一种方法，使用该工具可以将图像中不需要的部分裁切掉，如图 3.34 所示。

方法 2：使用"画布大小"命令。使用"画布大小"命令可以对画布的尺寸大小进行精确设置。打开一个图像文件，执行"图像→画布大小"命令，弹出如图 3.35 所示的"画布大小"对话框。

❶当前大小：显示当前图像的宽度、高度及文件容量。

图 3.34

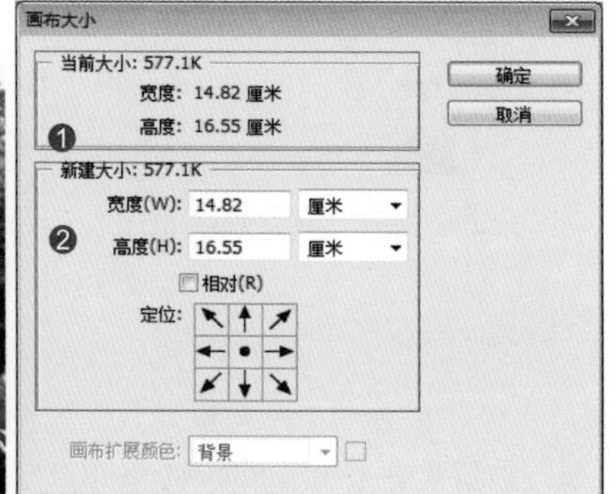

图 3.35

❷新建大小：输入新调整图像的宽度和高度。原图像的位置是通过选择（定位）项的基准点进行设置的。例如，单击左上端的锚点以后，原图像就会位于左上端，其他则显示被扩大的区域，如图 3.36 所示。

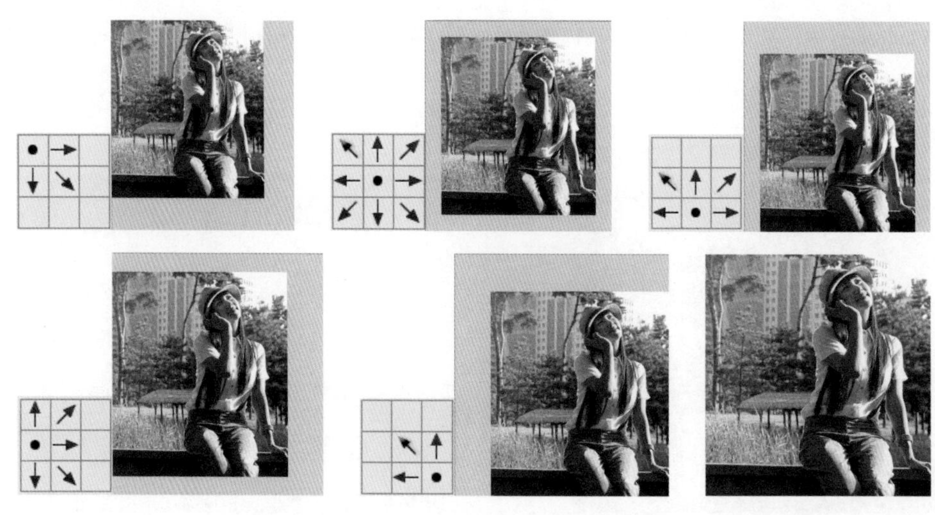

图 3.36

3.3.4　用快捷键控制图像显示

在 Photoshop 中，可以利用快捷键自由地放大或者缩小画面，下面就来学习几种利用快捷键放大或者缩小画面的方法。

方法 1：缩放工具的快捷键为【Z】键。此外，【Ctrl ＋空格】组合键为放大工具，【Alt ＋空格】组合键为缩小工具，但是要配合单击操作才可以缩放。

方法 2：按【Ctrl++】组合键及【Ctrl+-】组合键也可以放大和缩小图像。

方法 3：按【Ctrl+Alt++】组合键和【Ctrl+Alt+-】组合键可以自动调整窗口以满屏缩放显示，使用此工具时，无论图片以多少百分比来显示，都能全屏浏览。如果想要在使用缩放工具时按图片的大小自动调整窗口，可以在缩放工具的属性条中选择“调整窗口大小以满屏显示”复选框，如图 3.37 所示。

图 3.37

3.3.5　改变图像的旋转角度

在“图像→图像旋转”子菜单中包含用于旋转画布的命令，如图 3.38 所示，执行这些命令可以旋转或者反转整个图像，用户可以执行“任意角度”命令直接设置旋转角度，然后旋转图像，而执行“编辑→自由变换”命令则只旋转部分选定的图像，如图 3.39 所示。

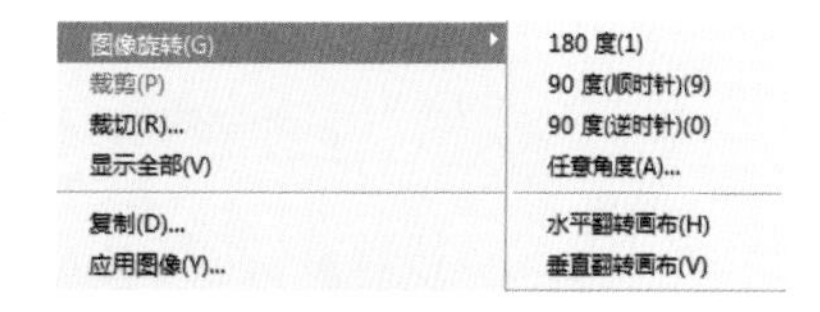

图 3.38

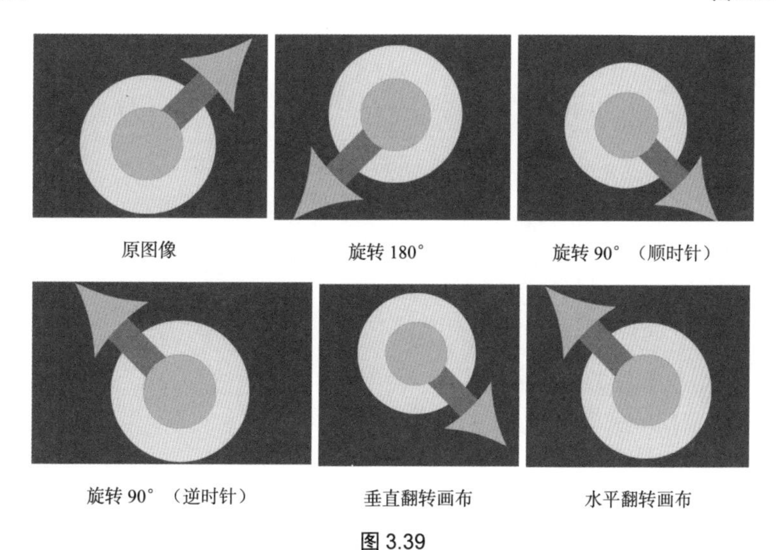

图 3.39

旋转图像时，画布是不动的；旋转画布时，图像也一同旋转。如果新建一个 800px×600px 的画布，90° 旋转画布后就是 600px×800px 的画布了，图像也随之旋转了 90° 。但如果是旋转图像 90° ，画布并没有改变形状，图 3.40 所示为旋转不同角度的变化。

任意角度

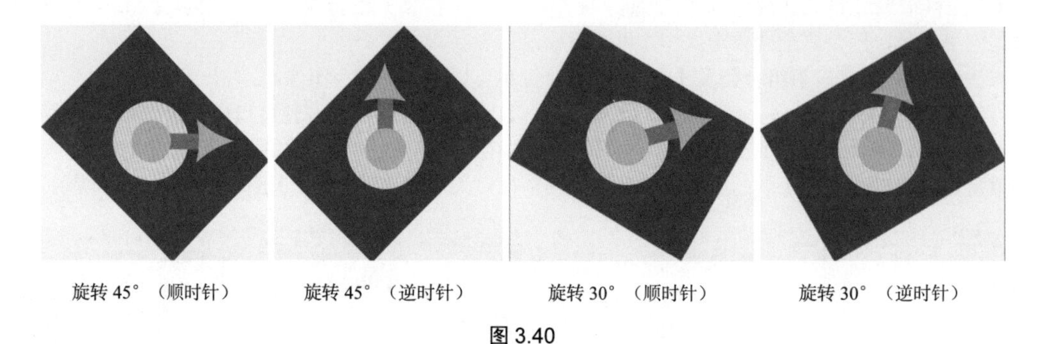

旋转 45° （顺时针）　旋转 45° （逆时针）　旋转 30° （顺时针）　旋转 30° （逆时针）

图 3.40

提示：“图像旋转”命令与“变换”命令有什么区别？

“图像旋转”命令只能用于旋转整个图像。如果要旋转单个图层中的图像，则需要执行“编辑→变换”菜单中的命令；如果要旋转选区，则需要执行“选择→变换选区”命令。

第4章

Camera Raw 摄影后期基础

Camera Raw 是专门用于处理 RAW 文件的程序，它可以解释相机原始数据文件，使用有关相机的信息及图像元数据来构建和处理彩色图像。此外，该程序也可以处理 JPEG 和 TIFF 图像。

4.1 Camera Raw 的操作界面

Camera Raw 软件可以解释相机原始数据文件，该软件使用有关相机的信息及图像元数据来构建和处理彩色图像。可以将相机原始数据文件看作是照片负片，能够随时重新处理该文件以得到所需的效果，即对白平衡、色调范围、对比度、颜色饱和度及锐化进行调整。在调整相机原始图像时，相机的原始数据将保存下来。调整内容将作为元数据存储在附带的附属文件、数据库或者文件本身（对于 DNG 格式）中。

4.1.1 Camera Raw 的基本选项

Camera Raw 是作为一个增效工具随 Photoshop 一起提供的，安装 Photoshop 时会自动安装 Camera Raw，如图 4.1 所示。数字负片（DNG）格式用于存储原始相机数据，这是一种非专有的、公开发布并得到广泛支持的格式。硬件和软件开发人员都会使用 DNG，这是因为它实现了一种处理和归档相机原始数据的灵活工作流程，也可以将 DNG 用作中间格式来存储最初使用专有相机原始格式捕捉的图像。

图 4.1

❶**相机名称或者文件格式**：打开 RAW 文件时，窗口左上角可以显示相机名称，打开其他格式文件时，则显示文档的格式。

❷**直方图**：显示图像的直方图。

❸“调整”滑块：可以通过调整滑块来设置图像的参数。

❹**窗口缩放级别**：可以从菜单中选取一个设置，或单击按钮来缩放窗口的视图比例。

❺**单击显示工作流程选项**：单击将弹出“工作流程选项”对话框。可以从 Camera Raw 输出的所有文件指定设置，包括色彩深度、色彩空间和像素尺寸等。

4.1.2　Camera Raw 的基本工具

Camera Raw 的基本工具栏如图 4.2 所示。

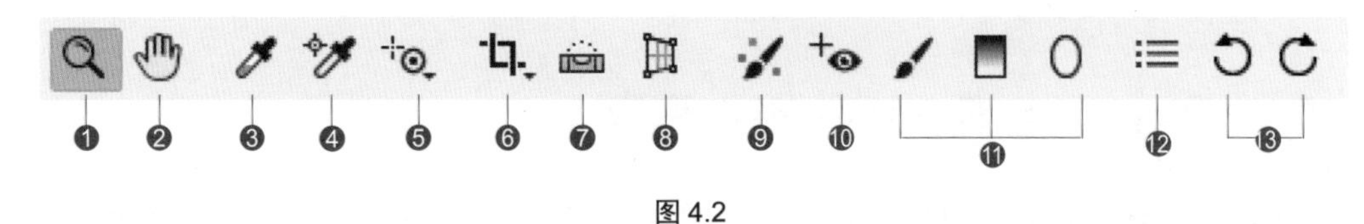

图 4.2

❶ **缩放工具**：单击可以放大窗口中图像的显示比例，按住【Alt】键并单击则缩小图像的显示比例。如果要恢复到 100% 显示，可以双击该工具。

❷ **抓手工具**：放大窗口以后，可以使用该工具在预览窗口中移动图像。此外，按住空格键可以切换为该工具。

❸ **白平衡工具**：使用该工具在白色或者灰色的图像内容上单击，可以校正照片的白平衡。双击该工具，可以将白平衡恢复到照片的原有状态。

❹ **颜色取样器工具**：使用该工具在图像中单击，可以建立颜色取样点，对话框顶部会显示取样像素的颜色值，以便于调整时观察颜色的变化情况。

❺ **目标调整工具**：单击该工具，在打开的下拉列表中选择一个选项，包括“参数曲线”“色相”“饱和度”“明亮度”和“灰度混合”，然后在图像中单击并拖动鼠标即可应用调整，如图 4.3 所示。

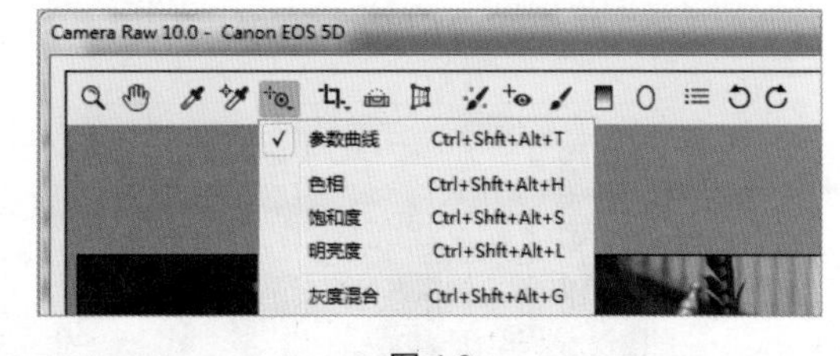

图 4.3

❻ **剪裁工具**：可用于剪裁图像。如果要按照一定的长宽比剪裁照片，可在剪裁工具上按住鼠标左键，在打开的下拉列表中选择自定选项来设置比例尺寸。

❼ **拉直工具**：可用于校正倾斜的照片。使用拉直工具在图像中单击并拖出一条水平基准线，松开鼠标后会显示剪裁框，可以拖动控制点，调整它的大小或将其旋转。角度调整完成后，按【Enter】键确认即可。

❽ **变换工具**：单击该按钮，绘制横向和纵向参考线，可校正图像倾斜度和比例。

❾ **污点去除**：可以使用另一个区域中的样本来修复图像中选中的区域。

❿ **红眼去除**：可以去除红眼。将光标放在红眼区域，单击并拖出一个选区，选中红眼，松开鼠标后 Camera Raw 会使选区大小适合瞳孔，拖动选框的边框，使其选中红眼，就可以校正红眼。

⓫ **调整画笔** / **渐变滤镜** / **径向滤镜**：可以处理局部图像的曝光度、亮度、对比度、饱和度和清晰度等。

⓬ **打开首选项对话框**：单击该按钮，可以打开“Camera Raw 首选项”对话框。

⓭ **旋转工具**：可以逆时针或顺时针旋转图像。

4.1.3　图像的调整选项卡

Camera Raw 的调整选项卡如图 4.4 所示。

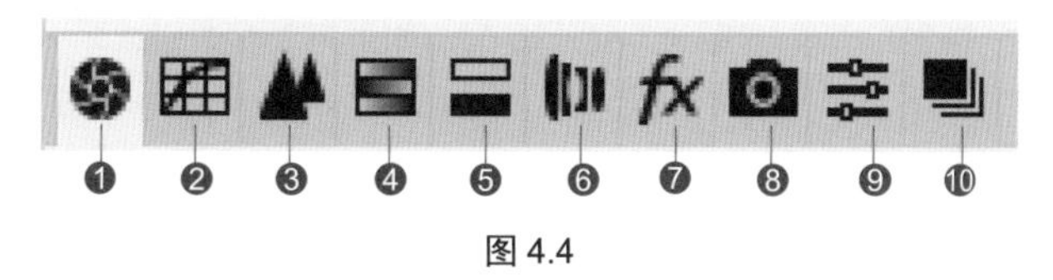

图 4.4

❶ 基本：可以调整白平衡、颜色饱和度和色调。

❷ 色调曲线：可以使用“参数”曲线和“点”曲线对色调进行微调。

❸ 细节：可对图像进行锐化处理，或者减少杂色。

❹ HSL/ 灰度：可以使用“色相”“饱和度”和“明亮度”对颜色进行微调。

❺ 分离色调：可以为单色图像添加颜色，或者为彩色图像创建特殊的效果。

❻ 镜头矫正：可以补偿相机镜头造成的色差和晕影。

❼ 效果：可以为照片添加颗粒和晕影效果。

❽ 相机校准：可以校正阴影中的色调，并能调整非中性色来补偿相机特征性与该相机型号的 Camera Raw 配置文件之间的差异。

❾ 预设：可以将一组图像调整设置存储为预设并进行应用。

❿ 快照：单击该按钮，可以将图像的当前调整效果创建为一个快照。在后面的处理过程中如果要将图像恢复到此快照，可以通过单击快照来进行恢复。

4.2 打开和存储 RAW 照片

Camera Raw 不仅可以处理 RAW 文件，还可以打开和处理 JPEG 和 TIFF 格式文件，但打开方法有所不同。文件处理完毕后，可以将 RAW 文件另存为 PSD、TIFF、JPEG 或 DNG 格式。

4.2.1　在 Photoshop 中打开 RAW 照片

在 Photoshop 中执行“文件→打开”命令或按【Ctrl+O】组合键，弹出“打开”对话框，如图 4.5 所示。选择一张 RAW 照片，单击“打开”按钮或按【Enter】键，即可启动 Camera Raw 软件并打开所选照片，如图 4.6 所示。

图 4.5

图 4.6

4.2.2　在 Photoshop 中打开多张 RAW 照片

如果想在 Photoshop 中一次性打开多张 RAW 照片，可以按【Crtl+0】组合键，弹出“打开”对话框，按住【Ctrl】键并单击需要打开的照片，将它们选中，然后按【Enter】键打开。这些照片会以“连续缩览幻灯胶片视图”的形式排列在 Camera Raw 对话框左侧。如果想要对两张或多张照片应用相同处理，可以按住【Ctrl】键单击这些照片，将它们同时选中，再进行调整。单击对话框底部的 ◄ ► 按钮，可以在选中的照片间切换。

4.2.3 在 Camera Raw 中打开其他格式的照片

要使用 Camera Raw 处理普通的 JPEG 或 TIFF 照片，可在 Photoshop 中执行“文件→打开为”命令，弹出“打开为”对话框，选择照片（按住【Ctrl】键并单击可以选择多张照片），然后在“打开为”下拉列表中选择“Camera Raw”选项，单击“打开”按钮即可在 Camera Raw 中打开。Camera Raw 的标题栏中会显示照片的格式，而 RAW 照片则会显示相机的名称。

4.2.4 使用其他格式存储 RAW 照片

在 Camera Raw 中完成对 RAW 照片的编辑后，可单击对话框底部的按钮，选择一种方式存储照片或者放弃修改结果 , 如图 4.7 所示。

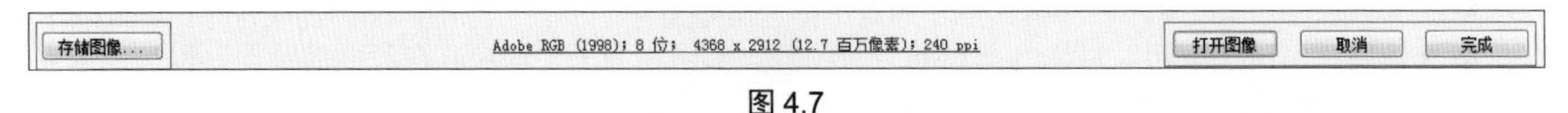

图 4.7

完成：单击该按钮，可以将调整应用到 RAW 图像上并更新其在 Bridge 中的缩览图。

取消：单击该按钮，可放弃所有调整并关闭 Camera Raw 对话框。

打开图像：将调整应用到 RAW 图像上，然后在 Photoshop 中打开图像。

存储图像：如果要将 RAW 照片存储为 PSD、TIFF、JPEG 或 DNG 格式，可单击该按钮，弹出“存储选项”对话框，设置文件名称和存储位置，在“文件扩展名”下拉列表中选择保存格式，如图 4.8 所示。

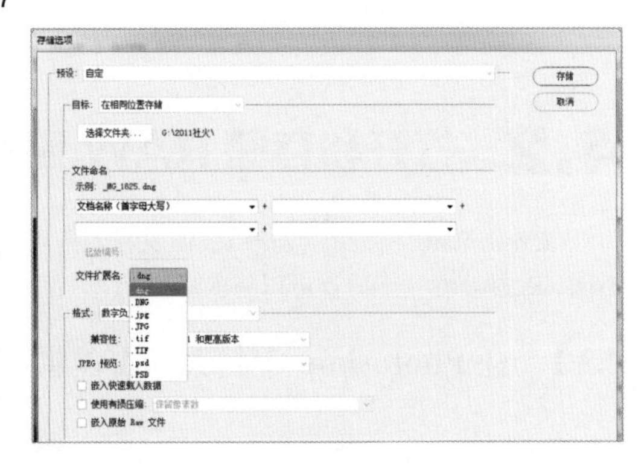

图 4.8

技术看板：RAW 格式与 JPEG 格式的比较

将照片储存为 JPEG 格式时，数码相机会调节图像的颜色、清晰度、色阶和分辨率，然后进行压缩。而用 RAW 格式则可以直接记录感光元件上获取的信息，无须进行任何调节。因此，RAW 拥有 JPEG 图像无法相比的大量拍摄信息。普通 JPEG 文件可以预览，而 RAW 格式如果不使用专用的软件进行成像处理，就无法浏览。RAW 文件大小是相同分辨率的 JPEG 文件的 2～3 倍，对于存储卡容量有较大要求。

4.3 在 Camera Raw 中进行颜色调整

Camera Raw 可以调整照片的白平衡、色调、饱和度，并能校正镜头缺陷。使用 Camera Raw 调整 RAW 照片时，将保留图像原来的相机原始数据，调整内容将存储在 Camera Raw 数据库中，作为元数据嵌入在文件中。

4.3.1 颜色调整选项

Camera Raw 提供了一种与 Photoshop 中的“色相/饱和度”命令非常相似的调整功能，使用户可以调整各种颜色的色相、饱和度和明度。单击“HSL/ 灰度”选项卡中的▤按钮，可以显示如图 4.9 所示的选项。

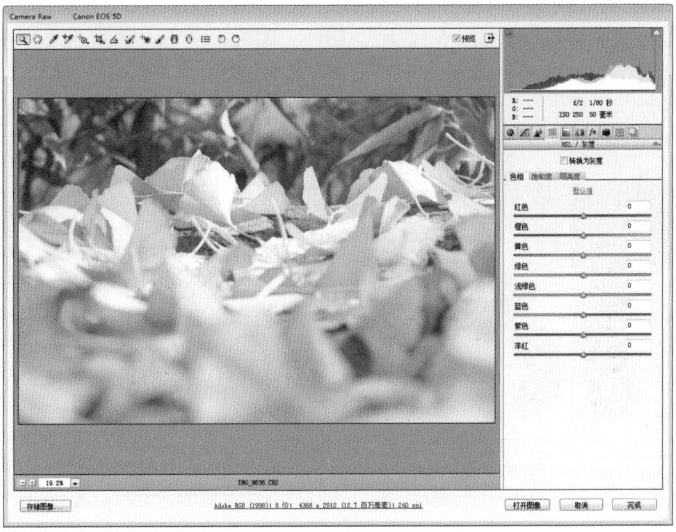

图 4.9

色相：可以改变颜色。例如，可以将蓝天（以及所有其他蓝色对象）由青色改为紫色。要改变哪种颜色，拖动相应的滑块即可。

饱和度：可调整各种颜色的鲜明度或颜色纯度。

明亮度：可以调整各种颜色的亮度。

转换为灰度：选择该复选框后，可以将彩色照片转换为黑白效果，并显示一个嵌套选项卡“灰度混合”。拖动此选项卡中的滑块可以指定每个颜色范围在图像灰度中所占的比例，类似于 Photoshop 中的“黑白”命令。

4.3.2　白平衡调整选项

白平衡列表：默认情况下，该选项显示的是相机拍摄此照片时所使用的原始白平衡设置（原照设置），可以在下拉列表中选择其他的预设（日光、阴天、白炽灯等），如图 4.10 所示。

原照设置　自动　日光　阴天

阴影　白炽灯　荧光灯　闪光灯

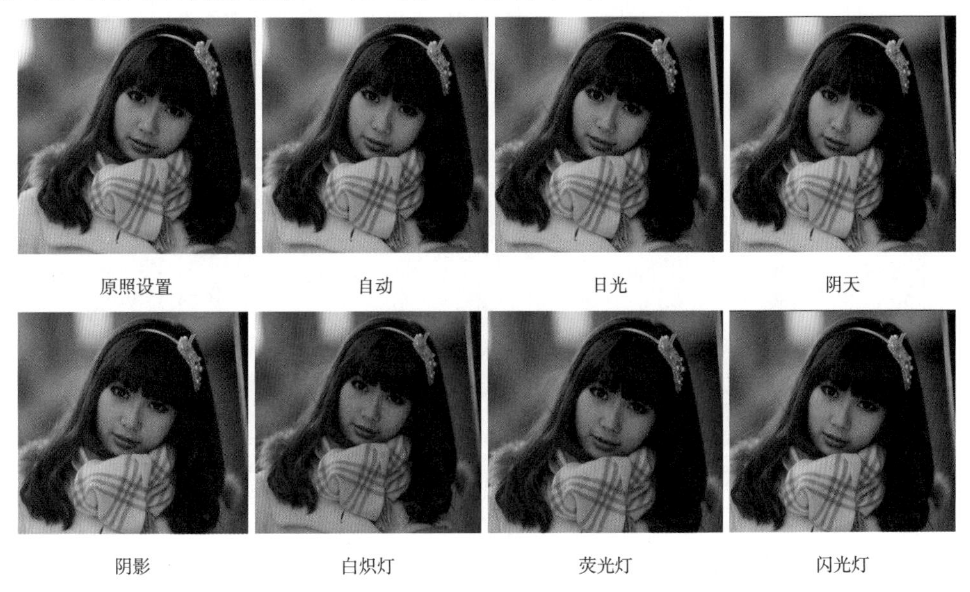

图 4.10

色温：可以将白平衡设置为自定的色温。如果拍摄照片时的光线色温比较低，可通过降低“色温”来校正照片，Camera Raw 可以使图像颜色变得更蓝以补偿周围光线的低色温（发蓝）。相反，如果拍摄照片时的光线色温较高，则提高“色温”可以校正照片，图像颜色会变得更暖（发黄）以补偿周围光线的高色温（发蓝），如图 4.11 所示。

色调：可通过设置白平衡来补偿绿色或者洋红色。减少“色调”可在图像中添加绿色；增加“色调”则在图像中添加洋红色，如图 4.11 所示。

降低色温颜色变蓝　　增加色温颜色变黄　　降低色调颜色变绿　　增加色调颜色变洋红色

图 4.11

曝光：调整整体图像的亮度，对高光部分的影响较大。减少“曝光”值会使图像变暗，增加“曝光”值则使图像变亮。该值的每个增量等同于光圈大小。

对比度：可以增加或减少图像的对比度，主要影响中间色调。增加对比度时，中到暗图像区域会变得更暗，亮图像区域会变得更亮。

高光：可以使图像的高光更亮。

阴影：可以使图像的阴影更明显。

白色：增加“白色”可以扩展映射为白色区域，使图像的对比度看起来更高，对高光的影响较大。

4.3.3 使用色调曲线调整对比度

单击 Camera Raw 对话框中的色调曲线按钮，显示“色调曲线”选项卡，如图 4.12 所示。通过色调曲线可以调整图像的对比度。色调曲线有两种调整方式，默认显示的是参数选项卡。调整曲线时，可以拖动“高光”“亮光”或“阴影”滑块来针对这几个色调进行调整，这种调整方式的好处在于，可避免直接拖动曲线进行调整时由于调整强度过大而损坏图像。

图 4.12

向右拖动滑块可以使曲线上扬，所调整的色调就会变亮，如图 4.13 所示；向左拖动滑块可以使曲线下降，所调整的色调就会变暗，如图 4.14 所示。

图 4.13

图 4.14

提示：

如果习惯使用 Photoshop 的传统曲线调整图像，可单击“点”选项，在“点”选项卡中进行调整。

4.3.4　调整相机的颜色显示

有些型号的数码相机拍摄照片时总是存在色偏。可在 Camera Raw 对话框中进行调整，并将它定义为这款相机的默认设置。以后再打开用该相机拍摄的照片时，就会自动对颜色进行补偿。

打开一张用问题相机拍摄的典型照片，单击 Camera Raw 对话框中的“相机校准”按钮，可以显示如图 4.15 所示的选项，如果阴影区域出现色偏，可以移动“阴影”选项中的色调滑块进行校正。如果是各种原色出现问题，则可移动原色滑块，这些滑块也可以用来模拟不同类型的胶卷。校正完成后，单击右上角的按钮，在打开的菜单中选择“存储新的 Camera Raw 默认值”命令将设置保存。以后打开该相机的照片时，Camera Raw 就会对照片进行自动校正。

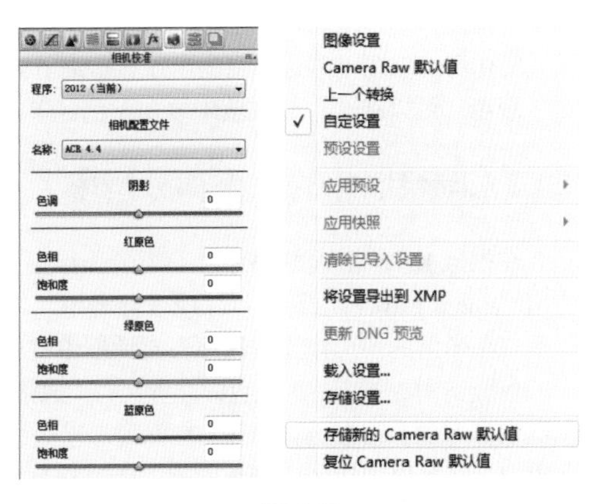

图 4.15

技术看板：将照片保存为 RAW 格式

使用 Camera Raw 对照片进行调整时，将保留图像原来的相机原始数据，调整内容存储在 Camera Raw 数据库中，或作为元数据嵌入图像中。因此处理完一个 RAW 文件后，只要还是保存为 RAW 格式，以后还能将这个照片还原成原始状态。这一特征是 JPEG 所无法比拟的，因为 JPEG 文件每保存一次，质量就会下降一些。

4.4　在 Camera Raw 中修改照片局部

下面介绍 Camera Raw 对画面进行局部调整的基本选项。

4.4.1　调整画笔的选项

调整画笔的选项如图 4.16 所示。

新建：选择调整画笔以后，该单选按钮为选中状态，此时在图像中涂抹可以绘制蒙版。

图 4.16

添加：绘制一个蒙版区域后，选择该单选按钮，可在其他区域添加新的蒙版。

清除：要删除部分蒙版或者撤销部分调整，可以选择该单选按钮，并在蒙版区域上涂抹。创建多个调整区域以后，如果要删除其中的一个调整区域，则可单击该区域的图钉图标，然后按【Delete】键。

自动蒙版：将画笔描边限制到颜色相似的区域。

显示蒙版：选择该复选框可以显示蒙版。如果要修改蒙版颜色，可单击选项右侧的颜色块，在弹出的“拾色器”对话框中调整。

清除全部：单击该按钮可删除所有调整和蒙版。

大小：用来指定画笔笔尖的直径（以像素为单位）。

羽化：用来控制画笔描边的硬度。羽化值越高，画笔的边缘越柔和。

流动：用来控制应用调整的速率。

浓度：用来控制描边中的透明度程度。

显示笔尖：显示图钉图标。

曝光：设置整体图像的亮度，对高光部分的影响较大。

对比度：调整图像对比度，它对中间调的影响更大。向右拖动滑块可增加对比度，向左拖动滑块可减少对比度。

饱和度：调整颜色鲜明度或颜色纯度。向右拖动滑块可增加饱和度，向左拖动滑块可减少饱和度。

清晰度：通过增加局部对比来增加图像深度。向右拖动滑块可增加对比度，向左拖动滑块可模糊细节。

锐化程度：可增强边缘清晰度以显示细节。向右拖动滑块可锐化细节，向左拖动滑块可模糊细节。

颜色：可以在选中的区域中叠加颜色。单击右侧的颜色块，可以修改颜色。

4.4.2 调整照片的大小和分辨率

在拍摄 RAW 格式的照片时，为了获得更多的信息，照片的尺寸和分辨率设置得都比较大。如果要使用 Camera Raw 修改照片尺寸或者分辨率，可单击 Camera Raw 对话框底部的工作流程选项，如图 4.17 所示，在弹出的“工作流程选项”对话框中进行设置。

色彩空间：指定目标颜色的配置文件。通常设置为用于 Photoshop RGB 工作空间的颜色配置文件。

色彩深度：可以选择照片的位深度，包括“8 位/通道”和“16 位/通道”两个选项，它决定了 Photoshop 在黑白之间可以使用多少级灰度。

大小：可设置导入 Photoshop 时图像的像素尺寸。默认像素尺寸是拍摄图像所用的像素尺寸。要重定图像像素，可打开“大小”下拉列表进行设置。

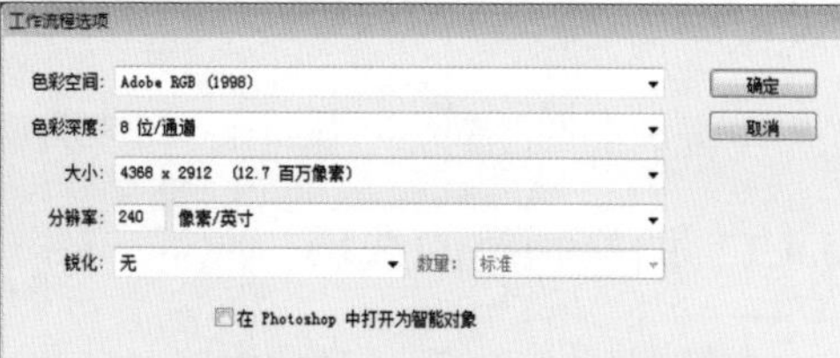

图 4.17

以上选项设置完成后，单击“确定”按钮关闭“工作流程选项”对话框，再单击 Camera Raw 中的“打开”按钮，在 Photoshop 中打开修改后的照片就可以了。执行“图像→图像大小”命令，可以观察它的大小和分辨率。

4.5 Camera Raw 与批处理

Photoshop 中的动作可以将用户对图像的处理过程记录下来，想要对其他图像应用相同的处理时，播放此动作即可自动完成所有操作，从而实现图像处理的自动化，也可以创建一个动作让 Camera Raw 自动完成照片处理。

4.5.1 录制动作时的注意事项

在记录动作时，可先单击“Camera Raw”对话框的“Camera Raw 设置”按钮，选择“图像设置”命令，如图 4.18 所示，这样就可以使用每个图像专用的设置（来自“Camera Raw”数据库或附属 XMP 文件）来播放动作。

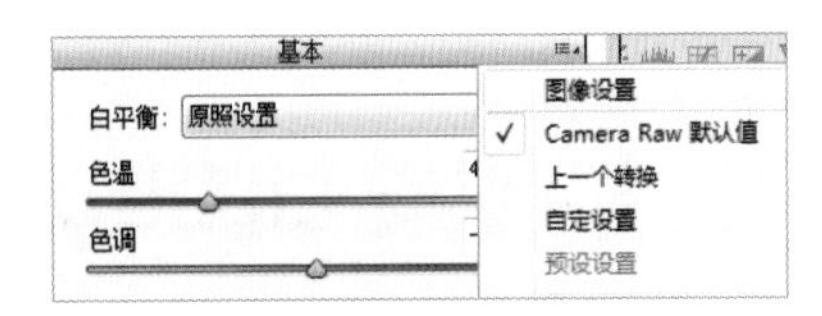

图 4.18

4.5.2 批处理时的注意事项

在 Photoshop 中执行“文件→自动→批处理”命令，可以将动作应用于一个文件夹中所有的图像。图 4.19 所示为“批处理”对话框。

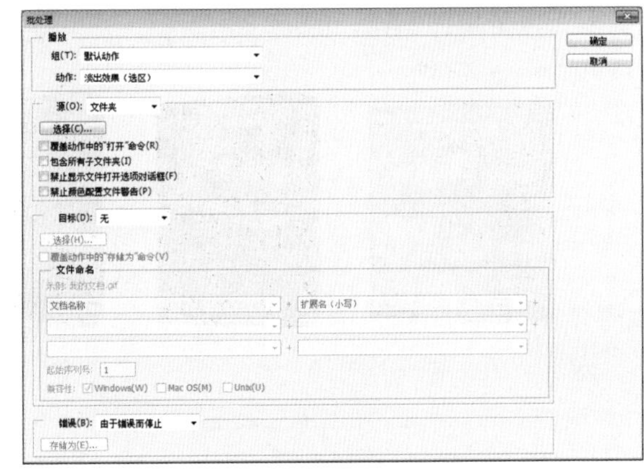

图 4.19

在“批处理”对话框中选择“覆盖动作中的‘打开’命令”复选框，可以确保动作中的“打开”命令对批处理文件进行操作，否则将处理由动作的名称指定的文件。

选择“禁止显示文件打开选项对话框”复选框，可以防止处理照片时显示“Camera Raw”对话框。

如果要使用“批处理”命令中的“存储为”命令，而不是动作中的“存储为”命令保存文件，应选择“覆盖动作中的‘存储为’命令”复选框。

在创建快捷批处理时，需要在“创建快捷批处理”对话框的“播放”区域中选择“禁止显示文件打开选项对话框”复选框，这样可防止在处理每个相机原始图像时都显示“Camera Raw”对话框。

> **提示：**
>
> Adobe 会不定期地对 Camera Raw 版本进行更新。可以执行“帮助→更新”命令来检查并安装新版本 Camera Raw。

第5章 Lightroom Classic 摄影后期基础

本章旨在让更多的人了解 Lightroom Classic，只有知道它的来历和作用，才能更好地使用它。Lightroom Classic 是一款真正为数码摄影而设计的软件，其强大之处并不仅仅在于它优秀的图像处理引擎，更是因为它为整个数码后期处理提供了一套完整的解决方案，既尽善尽美又细心周到。

5.1 认识 Lightroom Classic

Lightroom 是 Adobe 公司推出的一款图像应用软件，专为数码照片后期处理服务。它具备强大而易用的自动调整功能及各种最先进的工具，通过处理可以使图像达到最佳品质。Lightroom 软件于 2007 年首次推出，如今，Lightroom 的主要版本已经更新到了第 10 个版本——Lightroom Classic（Lightroom 10），如图 5.1 所示。

图 5.1

Lightroom Classic 不仅仅是一款图像处理软件，而且是一套数码摄影后期处理的完整解决方案。

Lightroom Classic 可以解决从照片导入、组织、管理、修饰到输出的所有数码的后期处理问题。这一套非常完善的数码后期处理流程是由不同的模块组合而成的，每个模块都可以完成各自独有的功能，如图 5.2 所示。

Lightroom Classic 提供的图库模块是一个可以浏览和组织管理图像的模块，如图 5.3 所示。同样的工作，在这里用户可以更加轻松高效地完成。为了便于用户更好地浏览照片，Lightroom Classic 提供了不同的视图模式。在图库模块中，还可以利用各种工具方便地标记照片、比较照片、组织和整理照片。如果掌握了旗标、色标、星标、关键字、元数据、收藏夹和智能收藏夹等功能，照片的组织工作将变得非常方便和快捷，即使在数以万计的照片中，也能以难以置信的速度找到自己需要的那一张。

图 5.2

图 5.3

在图库模式中组织好照片以后，可以进入 Lightroom Classic 的修改照片模块，如图 5.4 所示。Lightroom Classic 在这个模块中提供了非常强大的照片修饰工具，只需简单地拖曳几个命令滑块，就可以通过各种调整修饰让照片变得更美观、更出色。

图 5.4

修饰完照片后，接下来就要考虑如何输出照片。Lightroom Classic 提供了许多不同的模块用以输出照片。

在 Lightroom Classic 的打印模块中，可以在不同的版面布局中挑选自己喜欢的一种来打印照片。同时 Lightroom Classic 还提供了完善的色彩管理和校样设置，如图 5.5 所示。

在 Lightroom Classic 的幻灯片放映模块中，可以选择特定的照片制作成幻灯片，放映给朋友们观看，如图 5.6 所示。

在 Lightroom Classic 的 Web 模块中，可以制作属于自己的网络相册，如图 5.7 所示。

即使用户不懂得任何代码和语言，不知道 HTML，不了解 JavaScript，不清楚 Flash，也没有关系，因为 Lightroom Classic 可以轻松解决一切问题。

在 Lightroom Classic 的画册模块中，可以制作自己的画册，如图 5.8 所示。

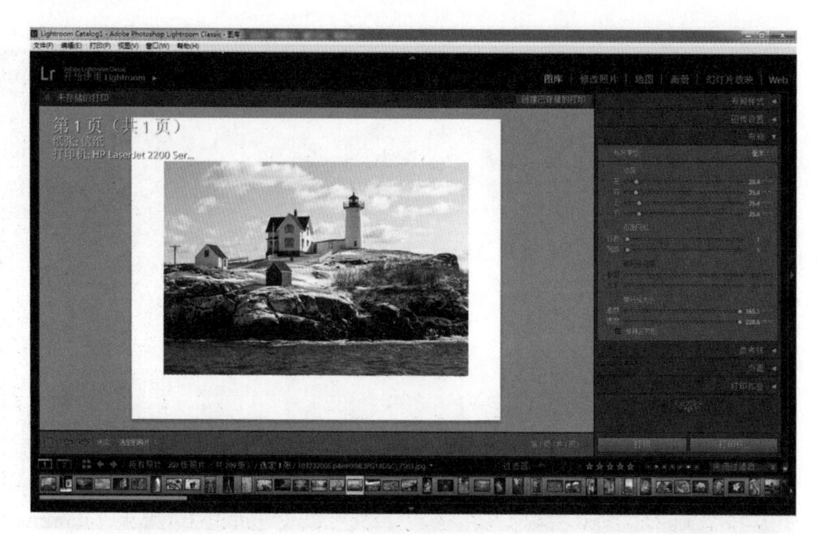
Lr
图库
修改照片
地图
画册
幻灯片放映
Web
第 1 页（共 1 页）
纸张:信纸
打印机:HP LaserJet 2200 Ser...

图 5.5

Lr
图库
修改照片
地图
画册
幻灯片放映
Web

图 5.6

Lr
图库
修改照片
地图
画册
幻灯片放映
Web

图 5.7

图 5.8

在 Lightroom Classic 的地图模块中，可以通过地理坐标来索引相关照片。

当然，修饰照片外观只是数码后期处理的一部分，甚至有很多人都不需要对自己的照片做任何修饰。但是，将照片导入计算机中总是必需的，之后就难免需要组织和整理照片所在的文件夹。如果需要分享图片，也要想办法和朋友一起分享。不管是使用自己喜欢的软件，还是仅仅依靠 Windows 来完成这些事情，对于 Lightroom Classic 来说，都可以让这一切变得更简单、更快捷。

5.2　选择 Lightroom Classic 的理由

在琳琅满目的图像处理软件中，选择 Lightroom Classic 的理由是什么呢？每个人的喜好与选择各不相同，但是，究竟是哪些因素决定了 Lightroom Classic 可以成为用户最好的选择，或者至少是值得认真考虑的选择呢？下面就来了解一下 Lightroom Classic 的几个优势。

5.2.1　流程的完整性

数码后期处理其实是一个包含多个步骤的完整流程，而不仅仅只是一个方面的工作。是否选择某一款软件，评判的标准之一就是要看它在这个流程的每个环节能否做到更好。Lightroom Classic 可以通过图库、修改照片、打印等不同的模块，为使用者提供一套非常全面的数码后期解决方案。用户对于数码后期的处理过程了解越多，就会越明白自己究竟需要哪些东西，而 Lightroom Classic 所能提供的便利就会变得越来越明显。

数码后期处理的 3 个主要板块如图 5.9 所示。

图 5.9

图 5.9 展示的是 Lightroom Classic 不同模块的主要职责分布图。将这 3 个板块结合起来看，可以对 Lightroom Classic 的概念有一个更加全面和完善的了解。综合使用这些不同的模块，Lightroom Classic 可以提供一套完整的解决方案，完成数码后期处理的所有步骤。

5.2.2 操作的简便性

如果用户接触过 Photoshop 这种复杂软件，那么就会知道 Lightroom Classic 是一款多么简单的软件。学习 Lightroom Classic 时，不需要记住几百个命令、上百组快捷键，只需要移动面板中的几个滑块就可以轻松实现数码后期处理中最重要的调整操作。同时，Lightroom Classic 的每个命令都是紧密围绕摄影这个中心展开的，几乎没有任何多余的命令，这让 Lightroom Classic 的整个操作界面和命令面板看上去都显得非常整洁、简单且易于操作。Lightroom Classic 最让人惊叹的地方在于，它可以用最便捷的工具完成最复杂的操作，用最简单的步骤实现最完美的效果。

5.2.3 处理的高效性

如果有一台配置很高的计算机，同时拥有 64 位操作系统，那么就可以立刻体验到 Lightroom Classic 的运行速度优势。即使这些优越的条件都不具备，依然能够感受到 Lightroom Classic 的快速和高效，因为 Lightroom Classic 的快速高效并不仅仅体现在运行速度上，而更多地体现在软件功能上。

整个数码后期的处理流程都可以用 Lightroom Classic 非常高效地串联起来，在同一个软件中完成所有事情，甚至可以不进入存储照片的真实文件夹。可以非常方便地同时处理多张不同的照片，还可以将用户设置应用到任何用户喜欢的照片上。另外，还可以存储各种类型的预设，建立属于自己的 Lightroom Classic 预设库，通过一次单击就可以将自己喜欢的效果轻松赋予任何照片。

5.2.4 步骤的可逆性

Lightroom Classic 的所有操作都是无损且完全可逆的，这是它与其他许多图像处理软件的不同之处。Lightroom Classic 将所有修改保存在一个独立的地方，而不会对原始照片进行操作。这些设置 Lightroom Classic 都会自动安排好。单击“复位”按钮，就可以看到完全未经修饰的原始照片。使用 Lightroom Classic 的“历史记录”面板，还可以轻松地回到过去任意时刻的图像状态，从而帮助用户重做决定。更重要的是，由于 Lightroom Classic 不对照片本身进行读写，因此在 Lightroom Classic 中的所有操作都不会损害照片的画质，即使对 JPEG 也是如此。

Lightroom Classic 会将所有的历史操作都记录在“历史记录”面板中。如果想回到过去的某个特定状态，单击面板中相应的命令即可。

5.2.5 质量的优越性

Lightroom Classic 为什么出色 ?

Lightroom Classic 是一款出色的软件，这一点毫无疑问。

Lightroom Classic 可以做很多事情，它可以管理照片、修饰照片。

最重要的是，Lightroom Classic 可以将每件事情都做得很好。

Lightroom Classic 经过改进的图像处理引擎甚至让这一切变得比之前更好。可以毫不夸张地说，Lightroom Classic 所能实现的图像修饰效果是绝大多数图像处理软件望尘莫及的。

尽管 Lightroom Classic 非常简单、易用，但是这绝不意味着图片的处理质量会有一丝一毫的降低。Lightroom Classic 可以轻松且高质量地完成一切图像处理过程。

5.3 Lightroom Classic 的操作界面

学习任何一款新软件，都要首先了解它的工作区（即操作界面）。本节将用图解的方式向读者介绍 Lightroom Classic（以下简称 LR）工作区的功能分布，以及使用一些常见的修改方式对工作区进行修饰。

5.3.1 LR 功能区展示

Lightroom Classic 的操作界面如图 5.10 所示。

图 5.10

❶ 菜单栏：包括 8 个程序菜单，在每个菜单下都可以选择相应的命令来调控照片（与 Photoshop 中的菜单栏相似）。

❷ 工作区：LR 的工作区共包括 7 个模块，每个模块针对的是摄影后期工作流程中的某个特定环节。

❸ 左侧面板：对应的是所使用的程序模块，主要作用是管理文件目录、照片文件夹、显示历史记录和一些模板的预设等。

❹ 主窗口：在此区域显示的是照片，可以用缩览图的方式多幅显示，也可以单张显示。在不同的模块中，还可以编辑操作在此区域中的照片。

❺ 右侧面板：在 7 个不同的模块中，此面板显示的控制选项各不相同，主要用于处理元数据、关键字及调整图像。

❻ 显示胶片窗口：也称为“浏览器窗口”，可以像传统胶片一样排列照片。

❼ LR 标识（也称为“身份标识”）：用来显示所使用的软件名称和版本。

5.3.2 功能面板的显示和隐藏

在菜单栏中执行“窗口→面板”命令，在打开的子菜单中有很多不同的面板，可以选择显示或隐藏工作区中的一个或多个不同面板，如图 5.11 所示。

在工作区的上、下、左、右侧的中央各有一个小三角形，单击它们可隐藏或展开（上、下、左、右）面板。要想隐藏左右两侧的面板，也可以按【Tab】键；按【Shift+Tab】组合键可以隐藏全部（上、下、左、右）面板。

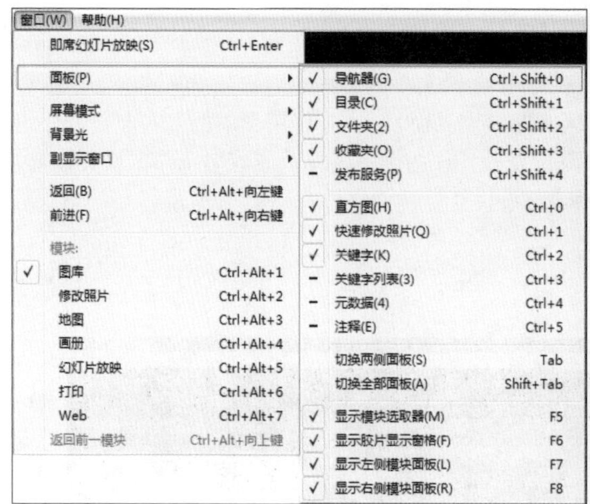

图 5.11

5.3.3 显示副窗口

单击胶片显示窗口左上方的“显示/隐藏副窗口”按钮，如图 5.12 所示。

图 5.12

可以打开一个独立的照片显示窗口，此窗口即为副窗口。副窗口是相对主窗口而言的，对图像的选择、放大、切换视图模式等操作都可以在副窗口中进行，如图 5.13 所示。

图 5.13

如果在两台连接在一起的计算机上运行 LR，副窗口会独立显示在其中一台显示器上。这样做的好处是，可以在一个显示器上处理照片，在另一个显示器上全屏观察该照片的最终效果。这种双显示器显示功能扩展了软件的操作界面，对于专业人士而言，这项功能大大提升了工作效率。

5.3.4 工作界面的设置方法

1.不同屏幕模式下的工作区展示

在菜单栏中执行“窗口→屏幕模式”命令，在打开的子菜单中有很多不同的面板，可以在其中选择不同的模式，从而展现不同的工作区，如图 5.14 所示。

> **Tips**
>
> 按 F 键可在“正常”模式和“全屏预览”模式下进行切换。

图 5.14

2.改变功能面板的大小

当光标置于“照片显示及工作区域”与“左面板”（或“右面板”）的临界线上时，光标会变成左右箭头的形状⇿。如果想要改变“左面板”（或“右面板”）的大小，按住并左右拖动光标即可。

当光标置于“照片显示及工作区域”与“胶片显示窗口”的临界线上时，光标会变成上下箭头的形状⇕。如果要改变胶片显示窗口的大小，按住并上下拖动光标即可，如图 5.15 所示。

图 5.15

3.设置“首选项”中的工作区

在菜单栏中执行“编辑→首选项”命令，在弹出的“首选项”对话框中选择“界面”选项卡，在显示的界面中，可以设置面板的结尾标记和字体大小、背景光的屏幕颜色和变暗级别、背景的填充颜色和纹理等与工作区相关的选项。需要强调的是，如果改变了其中的某些设置，需要重启软件后更改才会生效，如图 5.16 所示。

4.视图背景光的快速变换

执行“编辑→首选项”命令，在弹出的对话框中选择“界面”选项卡，在“背景光”选项组中设置背景光的“屏幕颜色”为“黑色（默认）”，“变暗级别”为“80%（默认）”，如图 5.17 所示。

如果按【L】键一次，背景光的颜色就会变暗至“黑色（默认）”的 80%；按【L】键两次后，背景光的颜色就会变暗至“黑色（默认）”；按【L】键三次后，背景光的颜色就会恢复初始状态。LR 共提供了 5 种“屏幕颜色”和 4 种“变暗级别”供用户选择，如图 5.18 所示。

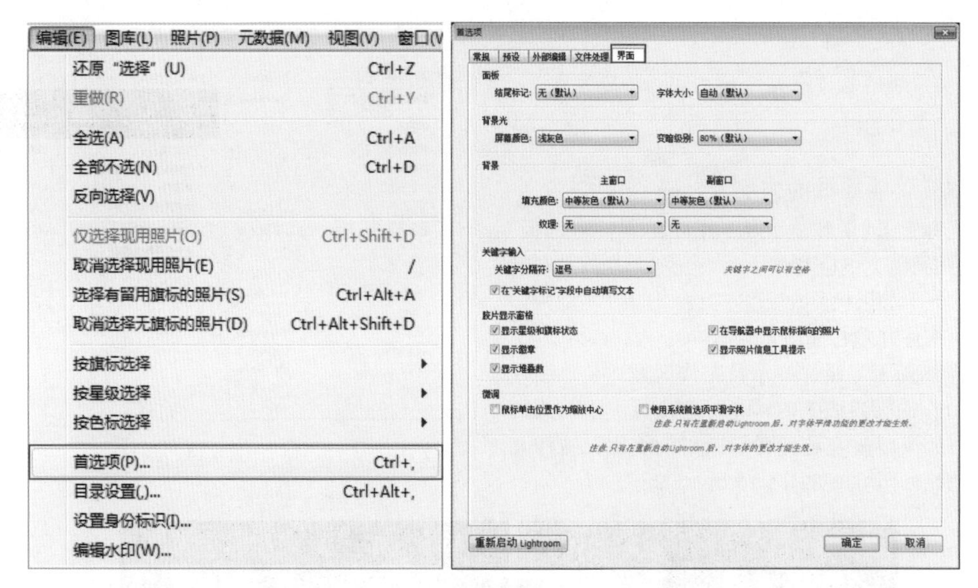

图 5.16

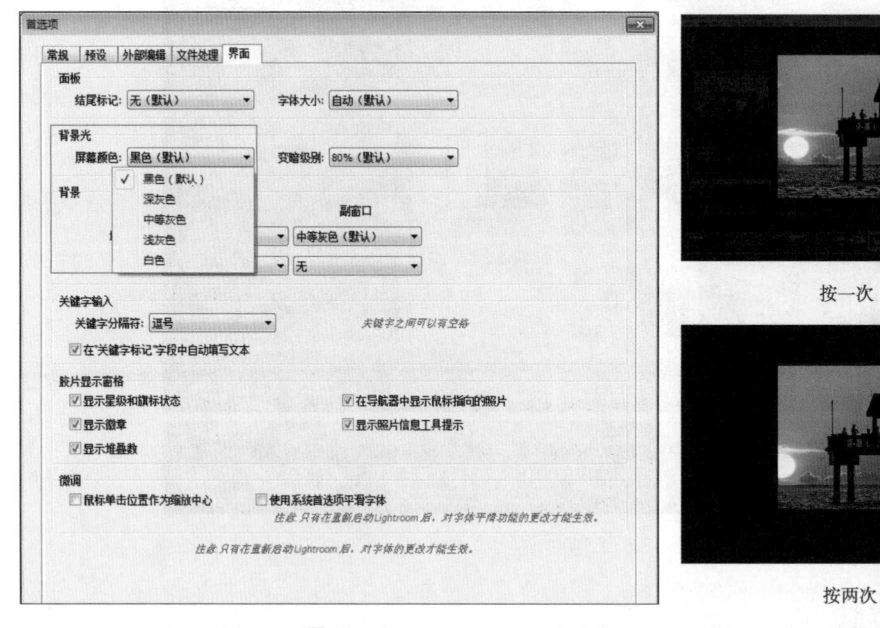

图 5.17

按一次【L】键后

按两次【L】键后

图 5.18

5.窗口背景填充颜色的更改

执行“编辑→首选项”命令，在弹出的对话框中选择“界面”选项卡，在“背景”选项组中可以设置“主窗口”（或副窗口）背景的“填充颜色”。LR 提供了 5 种背景颜色，白色和黑色背景会和画面形成强烈的反差，容易使人对调整效果产生视觉偏差，因此一般情况下不建议选择，如图 5.19 所示。

6.窗口背景纹理的更改

执行“编辑→首选项”命令，在弹出的对话框中选择“界面”选项卡，可以在下面的“背景”选项组中设置“主窗口”（或副窗口）背景的“纹理”效果，如图 5.20 所示。

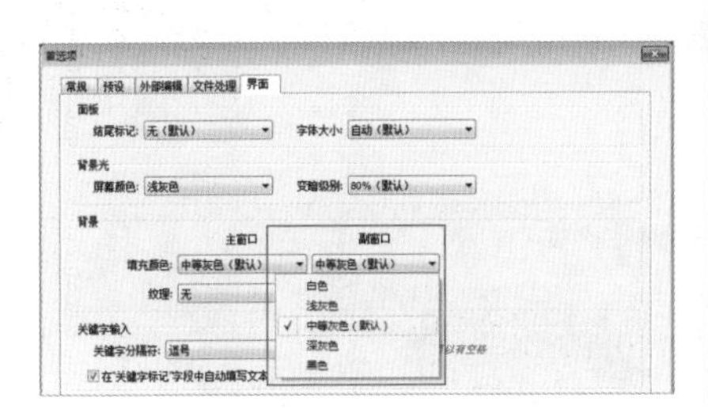

浅灰色背景　　中等灰色背景　　深灰色背景

图 5.19

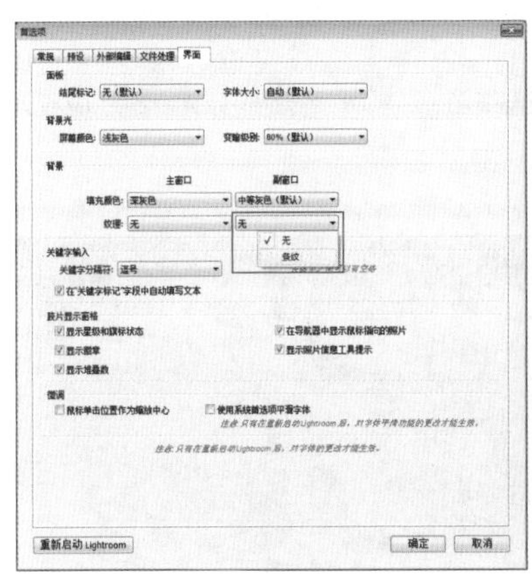

图 5.20

5.4 Lightroom Classic 的完整后期

LR 是针对工作流程而设计的一款特殊软件，其中包括“图库”“修改照片”“地图”“画册”“幻灯片放映”“打印”Web 7 个流程模块。这是一套从导入、输出到分享的完整的工作流程，每个流程模块中都分别设置了相关功能。对应的快捷键也使得操作非常简便，只需按住【Ctrl + Alt】组合键，并按 1 ～ 7 中的任一数字键就可以在 7 个模块之间任意切换。

5.4.1 图库

“图库”模块的功能是导入并管理照片，这是在 LR 中对照片进行后期处理的第一步。将导入的照片按照各自的特征分类管理，方便用户浏览及查找，是“图库”模块的主要功能，如图 5.21 所示。

图 5.21

5.4.2 修改照片

用药水将影像显现在相纸上的过程属于最传统的显影处理。在数码暗房的处理流程中，这是非常重要的一环。“修改照片”模块中包含了照片显影处理的所有功能，因此在这个模块中可以完成对照片所有效果的修改，如图 5.22 所示。

图 5.22

5.4.3 地图

如果拍摄设备带有 GPS 功能，那么将照片导入 LR 后，拍摄图片的位置数据就会自动显示；若相关的拍摄设备没有 GPS 功能，仍想要显示位置数据，可以将照片手动拖曳到相应的 Google 地图位置上。在旅行摄影中，LR 新增的这一功能无疑为摄影者带来了更多的乐趣，如图 5.23 所示。

图 5.23

5.4.4 画册

在 LR 的“画册”模块中，可以将图片制作成精美的电子画册。如果想打印画册，可以先将画册导出为 PDF 格式的电子画册，然后再动手打印。还有一种方法，只需支付一定的费用，单击几次即可上传到指定的在线服务商店并打印，如图 5.24 所示。

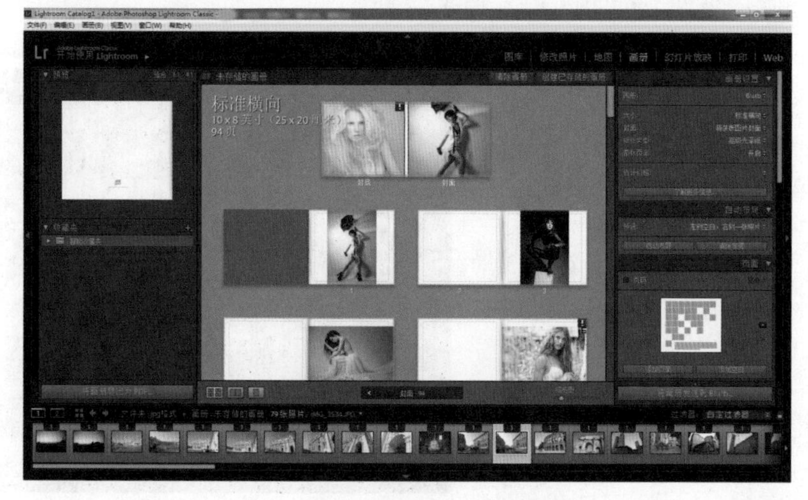

图 5.24

5.4.5　幻灯片放映

如果想要将修饰过的美图制作成幻灯片与大家一起分享，利用 LR 中的“幻灯片放映”模块就可以实现。如果想为放映过程增添更多乐趣，还可以为幻灯片添加喜爱的音乐作为背景并自定切换效果，如图 5.25 所示。

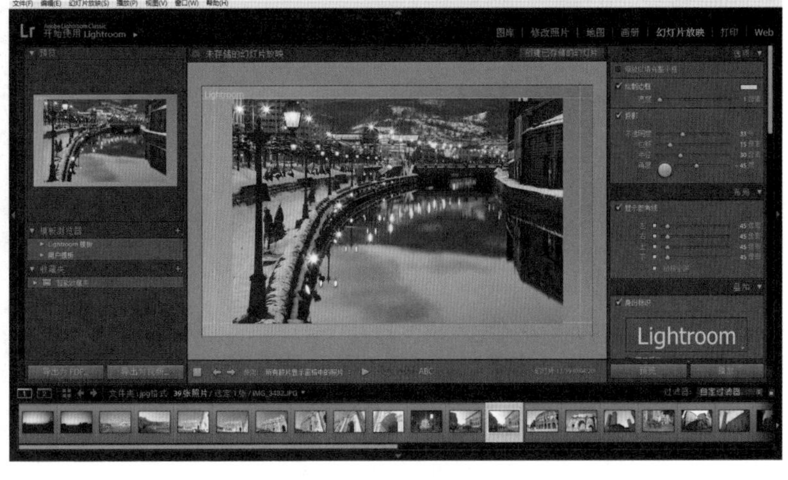

图 5.25

5.4.6　打印

“打印”模块中涵盖了非常专业且实用的打印功能（如出血设置、打印小样），如果想要将得意之作制作成画册或展示在墙上，利用这个模块就能轻松地完成高质量的打印工作，如图 5.26 所示。

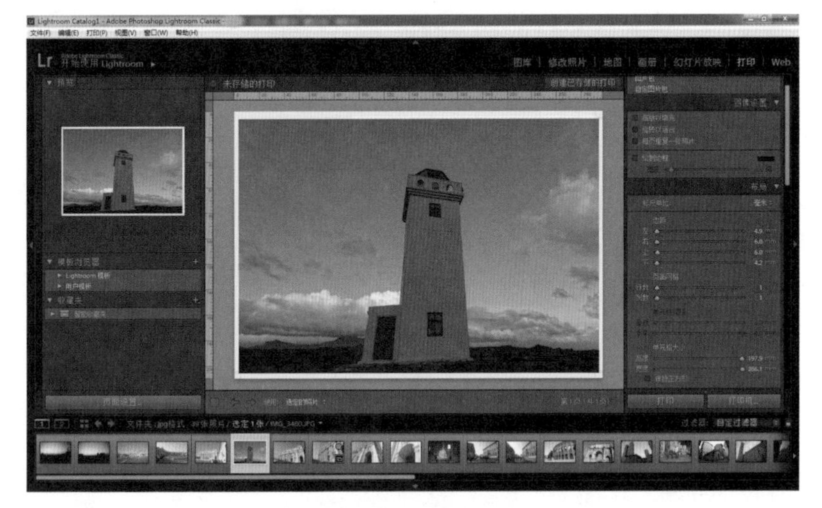

图 5.26

5.4.7　Web

在 LR 的 Web 模板中，有一系列的预设网页画廊模板（也称为 Web 画廊模板）。利用这一模块，只需片刻就能快速制作出个性独特的网页画廊，如图 5.27 所示。

图 5.27（1）

图 5.27（2）

5.5 导入照片时的相关设置

在 LR 中可以管理和修饰照片，在此之前，需要先将所有存储在外部设备上待修饰的照片全部导入 LR 中。

5.5.1 导入预设设置

在“首选项”的对话框中，包含了关于导入预设的大部分设置。在导入照片之前，按照自己的需求预先设置好各项导入参数，这样无论什么时候导入照片，都可以做到准确、快速。

1.打开“首选项”对话框

在 LR 中执行“编辑→首选项”命令，弹出“首选项”对话框，如图 5.28 所示。

2.“导入选项”的设置

在“首选项”对话框中选择“常规”选项卡，在“导入选项”下方的 4 个选项中可按需进行选择。下面分别介绍这 4 个选项的含义。

①选择该复选框时，一旦计算机和照相机或相机存储卡连接，系统就会自动打开“导入”窗口，在其中可以设置需导入的各项参数。

②将照片导入计算机的过程中，如果需要选择“当前/上次导入”收藏夹，则需要选择此复选框。

③当相关设备向计算机中传输照片时，相关设备就会自动创建一个文件夹名。选择此复选框，则不会自动生成文件夹名。

④为了便于快速预览，现在一些高端的单反相机在拍摄 RAW 格式照片时，会附带生成一张 JPEG 格式的照片，LR 不会将 JPEG 格式的照片导入图库。选择此复选框，则可以将 JPEG 格式的照片作为独立照片导入 LR 中。完成相关参数的设置后，单击“确定”按钮，完成导入预设设置，如图 5.29 所示。

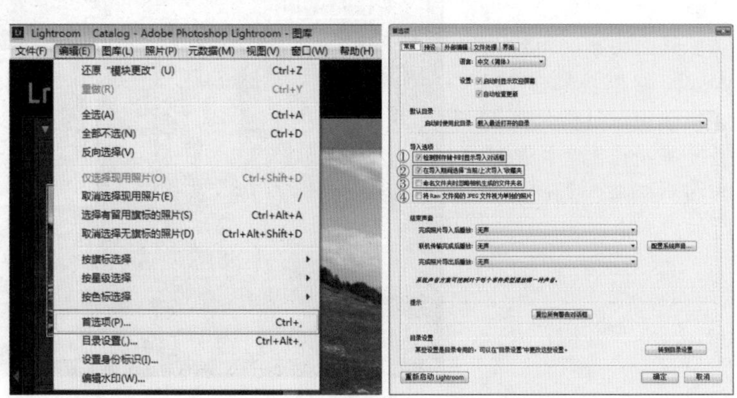

图 5.28

Tips

未选择“将 Raw 文件旁的 JPEG 文件视为单独的照片”复选框

选择“将 Raw 文件旁的 JPEG 文件视为单独的照片”复选框

图 5.29

5.5.2　选择导入源

导入对话框的界面虽然看起来有些复杂，其实这是一个组织合理的对话框。简单来说，用户将按照从左到右的顺序在导入对话框中逐步完成导入设置。将中间的预览区域视为一个整体，那么导入对话框从左至右可以被划分为 3 个不同的区域。左侧是导入对话框的源区域，在这里可以选择需要导入照片的来源。当存储卡插入计算机之后，LR 通常会自动识别存储卡并将它作为默认的导入源，如图 5.30 所示。

图 5.30

LR 会将插入的存储卡显示在设备一栏中，并且将它作为默认的导入源，在左侧面板的最上方会显示选择的导入源。选择“导入后弹出”复选框，存储卡将会在结束导入后自动弹出。

5.5.3　选择导入方式

确定好导入源之后，就要开始选择导入照片的方式。在导入对话框中间的上方区域有 4 种导入方式可供选择，分别是复制为 DNG、复制、移动和添加。如果插入存储卡，“移动”和“添加”两个选项是不能使用的。通常情况下选择“复制”方式，复制的意思是将照片从存储卡复制到指定的地方，并将它们导入 LR 的数据库。

Tips

如果感觉菜单操作的导入方法比较烦琐，还可以尝试采用以下两种方法。

第一种：将要导入的照片或文件夹直接拖曳到桌面上的“LR 软件图标”上。

第二种：将要导入的照片或文件夹拖放到 LR“图库”模块的图像显示区域中。

1.选择要导入的照片

Step01 执行“文件→导入照片和视频”命令，如图 5.31 所示。

Step02 打开“导入窗口”，在左上角“源”前面有一个小三角形图标，单击该图标可展开“源”面板。按照存放路径找到要导入的照片。若要导入某个文件夹中的所有照片，选择整个文件夹即可全部导入，如图 5.32 所示。

图 5.31

图 5.32

Step03 选择好要导入的照片后，在“导入窗口”的预览区域就会出现这些照片，选择“所有照片”，显示选定位置的所有照片。此时预览区域中的照片可能会呈现 3 种状态：a. 四角灰暗中间亮的预览图是没有被选中的照片；b. 左上角带小对勾且最亮的预览图是被选中的将要导入的照片；c. 全灰色显示的预览图是已经导入 LR 的照片（这类照片是不可选的）。如果选择“新照片”，已导入的照片就不再显示，只会显示从未导入过 LR 的新照片，如图 5.33 所示。

图 5.33

2. 用“添加”的方式导入照片

选择这种方式，只能导入照片，而不能进行其他任何操作。

Step01 选择“包含子文件夹”复选框，可以看见文件夹中的所有照片。

Step02 单击“导入”按钮，即可导入选中的全部照片，如图 5.34 所示。

图 5.34

Tips

如果觉得“导入窗口”中的预览图太小，可以拖曳视图区右下方“缩览图”的缩放条来调整预览图的大小。

5.6 “图库”模块概述

对导入的照片进行分类管理，便于浏览和查找，是“图库”模块的主要功能。要运用这一功能，就必须先了解“图库”模块，尤其是其中的功能面板、图库过滤器和工具栏。

5.6.1 “图库”界面

LR 的“图库”界面展示如图 5.35 所示。

图 5.35

❶ 图库过滤器栏
❷ 照片显示区域
❸ 目录和文件夹管理面板
❹ 图库工具栏
❺ 用于处理元数据、关键字及调整图像的面板

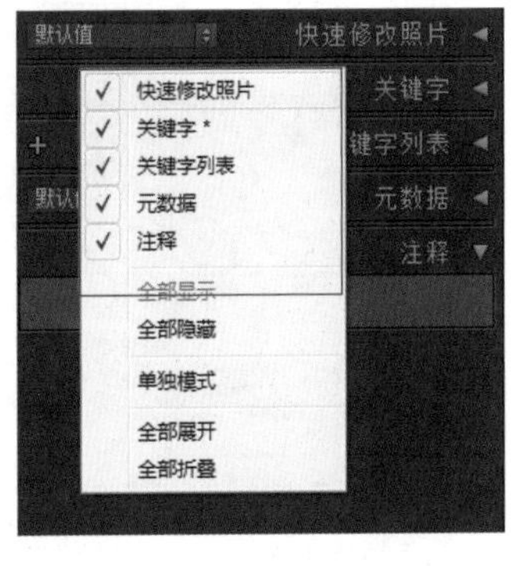

图 5.36

5.6.2 功能面板的显示或隐藏

在“图库”模块工作界面的左右两侧有多个功能面板，根据不同的需求，可以选择显示、隐藏或展开这些面板。如果要展开某个面板，只要右击面板名称或名称旁边的空白区域，即可弹出快捷菜单，选择相关命令即可展开对应的面板，如图 5.36 所示。

Tips

“单独模式”是功能面板中一个比较特别的命令，如果选择了“单独模式”，那么面板名称前的小三角就会变成虚点状，而且一次只能展开一个功能面板。

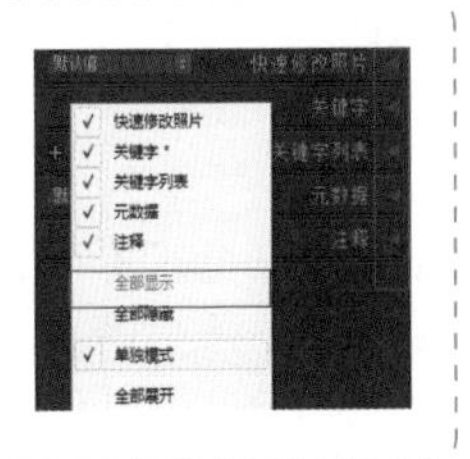

5.6.3 图库过滤器选项的显示或关闭

在“图库”模式下，可以看到“图库过滤器”栏位于照片显示区的顶部，包括“文本”“属性”“元数据”和“无”4 个选项，选择其中任意一个选项，都会在下方针对不同的筛选条件而显示不同的过滤器，如图 5.37 所示。

Tips

在“图库过滤器”栏右侧，单击如右图所示的位置，打开一个菜单，在其中选择“关闭过滤器”命令，也可以关闭“图库过滤器”。如果需要选择其他命令，可以在菜单中选择相应的命令。

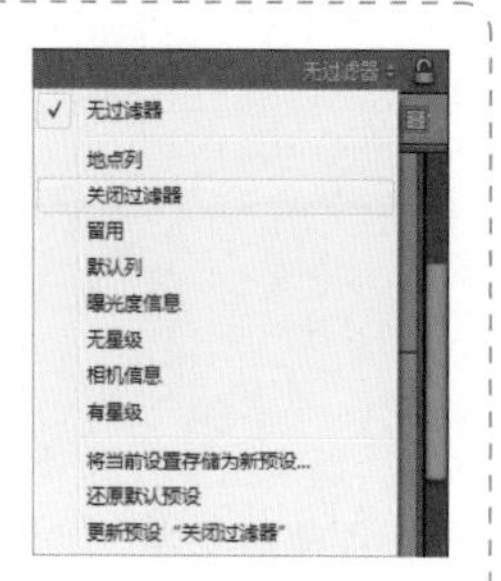

文本

属性

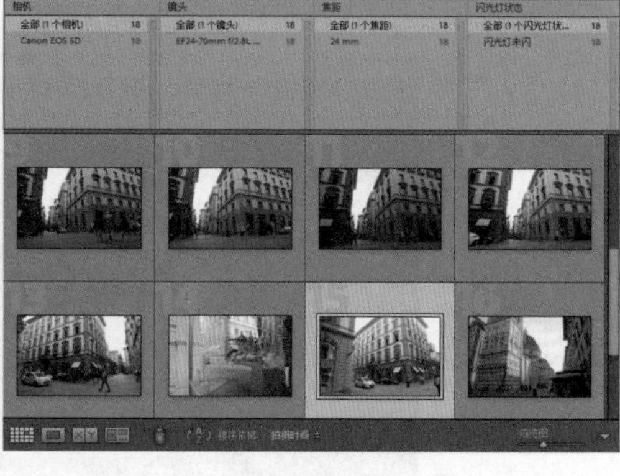

元数据

图 5.37

如果要关闭“图库过滤器”，在顶部的 4 个选项中选择“无”选项即可，如图 5.38 所示。

图 5.38

5.6.4 图库工具栏中选项的显示或隐藏

图库的工具栏中包括很多选项，一般情况下它们不会全部显示出来。

如果要使用某个工具，可以根据需要，单击某个工具栏右侧的倒三角形图标，会打开一个菜单，在其中选择需要显示在工具栏中的选项（被选中显示选项的前面会有一个√标识）即可，如图 5.39 所示。

图 5.39

5.7 在不同的视图模式下查看图片

在 LR 中，一共有 4 种查看和挑选照片的方式，可以根据具体需求，在这个模块中利用不同的视图模式查看、比较和筛选照片。

如果要查看照片的缩览图，可以选择在“网格视图”中查看。

如果要查看单张照片，可以选择在“放大视图”中查看。

如果要查看两张照片的对比效果，可以选择在“比较视图”中查看。

如果要查看多张照片，可以选择在“筛选视图”中查看。

1.网格视图

如果要查看已经导入 LR 中的所有照片的缩览图，可以在“图库”模块中单击“网格视图”图标按钮，如图 5.40 所示。

图 5.40

2.放大视图

在“图库”模块中，如果想在视图窗口中查看单张照片的放大效果，可以单击“放大视图”图标按钮，还可以在“网格视图”中双击照片缩览图，如图 5.41 所示。

3.比较视图

如果要比较两张照片，按住【Ctrl】键，在“网格视图”中单击要比较的照片即可将其选中，如图 5.42 所示。

单击“比较视图”图标按钮X|Y，照片的对比效果就会在视图窗口中显示，但一次只显示两张，如图 5.43 所示。

图 5.41

图 5.42

图 5.43

如果选择了多张照片，单击右边的“选择下一张”按钮，对比照片就可以被替换，如图 5.44 所示。

图 5.44

4.筛选视图

如果想同时并列比较多张照片，利用“比较视图”是做不到这一点的，这时就可以在“筛选视图”中进行相关操作。

首先按住【Ctrl】键，在“网格视图”中单击选择要比较的多张照片，如图 5.45 所示。

图 5.45

单击“筛选视图”图标按钮，刚刚选中的多张照片就会并列显示在视图窗口中，如图 5.46 所示。

图 5.46

如果想删除其中的某张照片，只需将光标移至照片上，照片的右下角就会出现一个 × 形符号，单击 × 形符号，即可在筛选视图中删除选中的照片，如图 5.47 所示。

图 5.47

5.8 照片的快速调整方法

学习完导入和管理照片的方法后，下面开始学习 LR 中最精彩的部分——数码暗房技术。首先从“快速修改照片”面板的使用中感受 LR 的强大功能。

5.8.1 实战案例：照片风格的转换

有时为了改变照片所传达的情绪，需要将照片处理成特殊的影调效果。Lightroom 中预设了一些流行的影调风格和调整命令，只需单击，就能得到艺术化的影调效果。

1.应用预设的创意风格影调和调整命令

Step01 按【G】键或者直接单击“图库”标签，进入“图库”模块。

Step02 单击“快速修改照片”右侧的小三角，展开选项栏。

Step03 单击“存储的预设”右侧的选项框，如图 5.48 所示。

图 5.48

Step04 在打开的创意影调风格列表框中选择一种预设风格，即可改变照片的影调，如图 5.49 所示。

图 5.49

2.应用自定义的创意风格影调和调整命令

在 LR 中，除了可以选用软件预先设置好的创意风格影调和调整命令，还可以选择自己创建的风格影调和调整命令。

5.8.2　实战案例：色调的快速调整法

本节通过对“白平衡”和“色调控制”中各项调整参数的讲解，让用户掌握在“快速修改照片”面板中调整色调的方法。

1.白平衡的快速设置法

Step01 在“快速修改照片”面板中，单击“白平衡”右侧的黑色三角展开白平衡选项栏，可以看到“色温”和“色调”两个调整选项（都是以按钮的方式来调整的）。

Step02 单击“色温”或“色调”的左向箭头，将画面调成冷调。如果单击相反的箭头，画面将会变成暖调，如图 5.50 所示。

图 5.50

Step03 如果对所做的调整不满意，还可以单击“白平衡”右边的选项框，在其下拉列表中选择“自动”或“原照设置”来定义白平衡，如图 5.51 所示。

2.简单实现色调控制

Step01 在“白平衡”命令的下方，排列着“色调控制”的 3 个主要选项：曝光度、清晰度和鲜艳度。

Step02 单击“色调控制”右侧的黑色三角，会发现“曝光度”下增加了 5 个实用命令，它们都是用来辅助曝光度调整的，用法与白平衡相同，如图 5.52 所示。

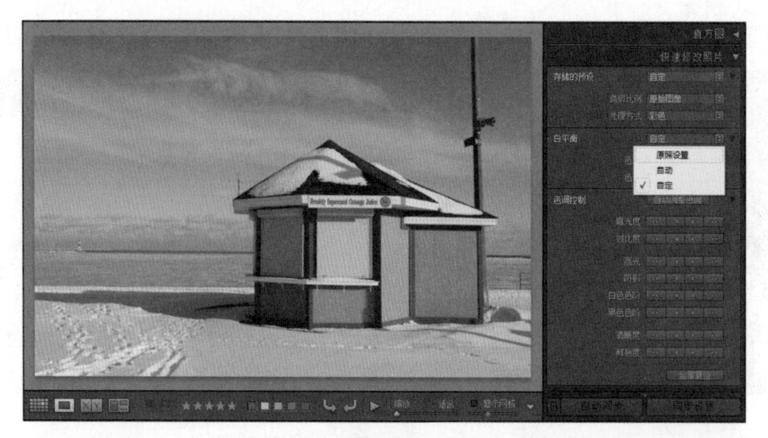

图 5.51

图 5.52

5.8.3 实战案例：如何快速修改照片

掌握上述知识点后，本小节来尝试利用“快速修改照片”功能修改照片。

1.导入照片

在“图库”模块中，执行“文件→导入照片和视频”命令，导入原始素材“5.8.3.jpg”文件，如图 5.53 所示。

图 5.53

2.暗部补光

Step01 可以看到原片整体色调偏暗，天空部分细节太少。单击“曝光度”选项的左向箭头一次，将画面降低曝光 1/3 挡，如图 5.54 所示。

图 5.54

Step02 单击“色调控制”右侧的黑色三角，展开“色调控制”面板。

Step03 单击“阴影”选项的右向双箭头两次，为暗部补光，使其显现出更多细节，如图 5.55 所示。

图 5.55

3.调整色调

Step01 画面现在的色温稍微偏暖，展开“白平衡”面板，单击“色温”选项的右向箭头一次，调整色温。

Step02 单击“鲜艳度”选项的右向双箭头一次，增加颜色鲜艳度，使画面更加鲜亮，如图 5.56 所示。

Step03 单击“清晰度”选项的右向双箭头两次，提高图像清晰度，如图 5.57 所示。

可以看到调整后的效果比原图的影调层次更丰富，颜色更通透、更有生气，如图 5.58 所示。

图 5.56

图 5.57

图 5.58

第 6 章 Photoshop 风景后期调色实战

本章学习使用 Photoshop 进行画面整体调色的方法，首先要掌握调色的基本原理，使用哪些工具能够进行调色，其次是如何调色，都有哪些常用的手段。

6.1 替换颜色与色彩平衡

观察原图可以发现，图像中的花朵是红色的，本节中的案例将利用可选颜色等命令，将花朵改变为黄色。首先添加曲线图层将图像提亮；然后添加选取颜色图层设置参数，调整花朵的颜色；最后添加色彩平衡等命令，将图像的阴影、高光和中间调等进行调整，本案例原图和最终效果如图 6.1 所示。

图 6.1

Step01 打开文件并复制背景图层。执行“文件→打开”命令，或按【Ctrl+O】组合键，打开素材文件“6.1.jpg”，拖曳“背景”图层到“图层”面板下方的“创建新图层”按钮上，新建“背景 复制”图层，如图 6.2 所示。

图 6.2

Step 02 单击“图层”面板下方的“创建新的填充或调整图层”按钮，在打开的下拉列表中选择“曲线”选项，在打开的面板中设置参数。在“图层”面板中设置该图层的不透明度为 64%，如图 6.3 所示。

图 6.3

Step 03 单击“图层”面板下方的“创建新的填充或调整图层”按钮，在打开的下拉列表中选择“可选颜色”选项，在“颜色”下拉列表中选择“红色”选项，设置参数，如图 6.4 所示。

图 6.4

Step 04 在“颜色”下拉列表中选择“黄色”选项，设置参数，如图 6.5 所示。

图 6.5

Step 05 单击“图层”面板下方的“创建新的填充或调整图层”按钮◐，在打开的下拉列表中选择“色彩平衡”选项，在“色调”下拉列表中选择“中间调”选项，设置参数，如图 6.6 所示。

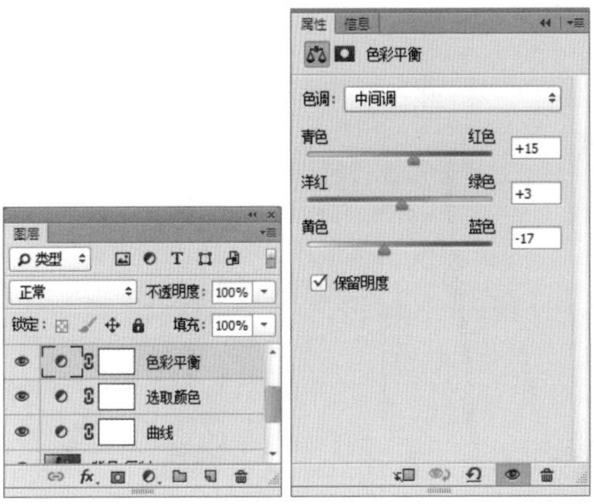

图 6.6

Step 06 继续在“色调”下拉列表中选择“高光”选项，设置参数，如图 6.7 所示。

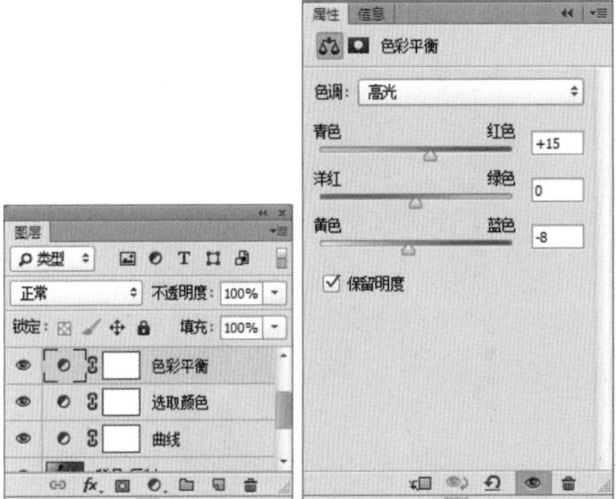

图 6.7

Step 07 继续在“色调”下拉列表中选择“阴影”选项，设置参数，如图 6.8 所示。

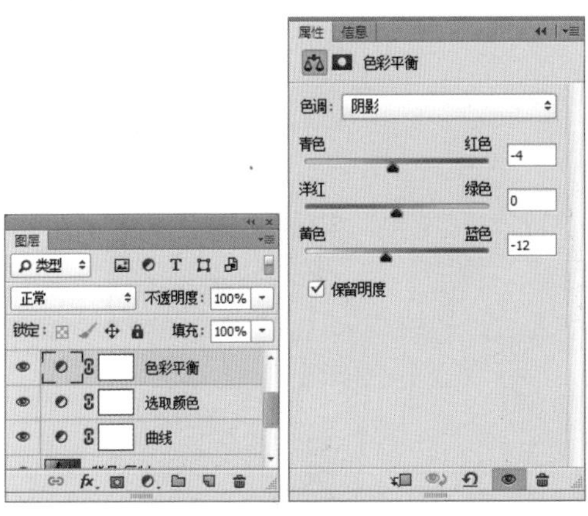

图 6.8

Step 08 单击“图层”面板下方的“创建新的填充或调整图层”按钮，在打开的下拉列表中选择“色阶”选项，设置参数，如图 6.9 所示。

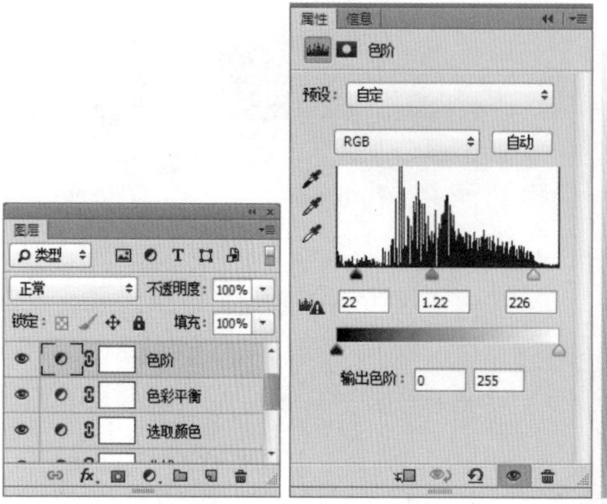

图 6.9

Step 09 继续单击“图层”面板下方的“创建新的填充或调整图层”按钮，在打开的下拉列表中选择“曲线”选项，设置参数，如图 6.10 所示。

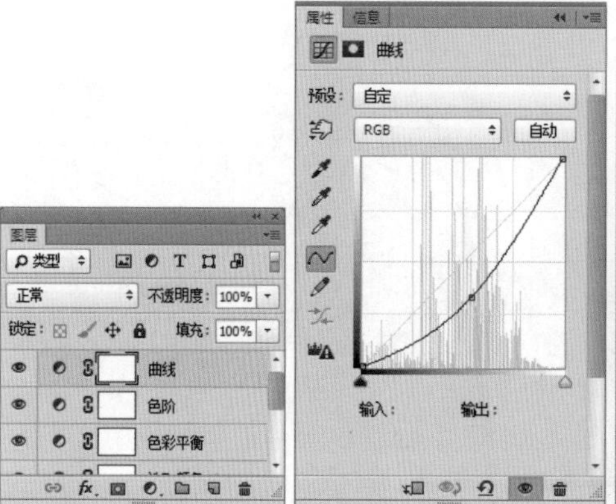

图 6.10

Step 10 选择“曲线”蒙版，按【Ctrl+I】组合键进行反向，利用白色柔角画笔，降低画笔的不透明度，在图像上进行涂抹，将曲线部分进行显示，最终效果如图 6.11 所示。

图 6.11

6.2 校正偏色

本案例主要讲述如何校正偏色，日常生活中拍摄出来的照片有时与实景不太一致，本节中的案例就将学习如何在 Photoshop 中将偏色的照片进行校正。首先添加选取颜色图层，调整图像的色调，然后添加曲线图层将画面提亮，最后继续添加曲线图层，将图像四周进行压暗，使图像对比度更加明显，本案例原图和最终效果如图 6.12 所示。

图 6.12

Step01 打开文件并复制背景图层。执行“文件→打开”命令，或按【Ctrl+O】组合键，打开素材文件“6.2.jpg”，拖曳“背景”图层到“图层”面板下方的“创建新图层”按钮上，新建“背景 复制”图层，如图 6.13 所示。

图 6.13

Step02 单击“图层”面板下方的“创建新的填充或调整图层”按钮，在打开的下拉列表中选择“可选颜色”选项，在“颜色”下拉列表中选择“红色”选项，设置参数，如图 6.14 所示。

Step03 继续在“颜色”下拉列表中选择“黄色”选项，设置参数，如图 6.15 所示。

Step04 继续在“颜色”下拉列表中选择“白色”选项，设置参数，如图 6.16 所示。选择选取颜色蒙版，利用黑色柔角画笔，降低画笔的不透明度，在图像右上角进行涂抹。

图 6.14

图 6.15

图 6.16

Step 05 单击“图层”面板下方的“创建新的填充或调整图层”按钮，在打开的下拉列表中选择“曲线”选项。由于原图片色彩灰暗，提高图片亮度，调整后的效果如图 6.17 所示。

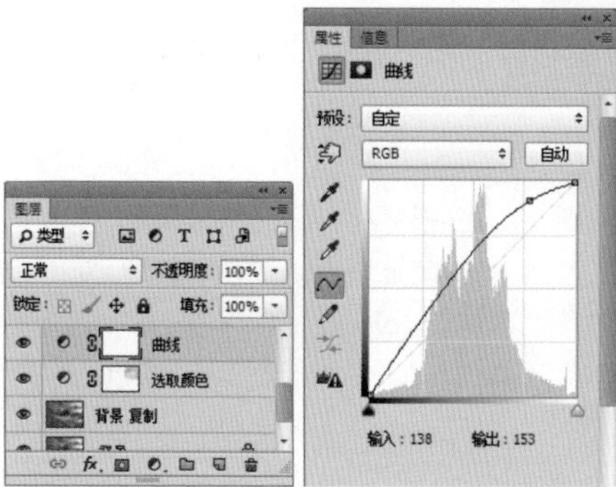

图 6.17

Step06 继续选择“曲线”面板中的“红”曲线进行调整。由于原图片色彩单调，为图像添加部分红色调，如图 6.18（a）所示，调整后的效果如图 6.18（b）所示。

（a）　　　　（b）

图 6.18

Step07 选择曲线蒙版，按【Ctrl+I】组合键进行反向，利用白色柔角画笔，在图像上进行涂抹，将曲线效果只应用于部分图像，如图 6.19 所示。

图 6.19

Step08 继续单击“图层”面板下方的“创建新的填充或调整图层”按钮，在打开的下拉列表中选择“曲线”选项，设置参数，如图 6.20 所示。

图 6.20

Step09 继续添加“曲线”图层，设置曲线参数，将图像压暗。选择曲线蒙版，利用黑色柔角画笔在图像中心进行涂抹，将部分曲线效果隐藏，如图 6.21 所示。

图 6.21

Step10 按【Ctrl+Shift+Alt+E】组合键，盖印可见图层，将盖印的图层名称修改为“效果图”，最终效果如图 6.22 所示。

图 6.22

6.3 调整色相

本节中的案例主要讲解如何调整图像的色相。首先利用曲线将画面整体提亮，然后调整图像的色调，接着继续添加选取颜色图层，设置参数，继续调整图像色调，使图像变得更有层次感，最后添加色阶增强图像对比度，利用锐化命令将对象的清晰度提高，本案例原图和最终效果如图 6.23 所示。

图 6.23

Step01 打开文件并复制背景图层。执行“文件→打开”命令，或按【Ctrl+O】组合键，打开素材文件“6.3.jpg”，拖曳“背景”图层到“图层”面板下方的“创建新图层”按钮上，新建“背景 复制”图层，如图 6.24 所示。

图 6.24

Step02 在“通道”面板中选择“红”选项，按【Ctrl+J】组合键进行复制，选择“红拷贝”通道并按【Ctrl+L】组合键，在弹出的“色阶”对话框中设置色阶参数，单击“确定”按钮。按住【Ctrl】键单击“红拷贝”的图层缩览图为其创建选区，然后返回“图层”面板，如图 6.25 所示。

图 6.25

Step03 单击“图层”面板下方的“创建新的填充或调整图层”按钮，在打开的下拉列表中选择“曲线”选项，设置参数，将画面提亮，如图 6.26 所示。

图 6.26

Step 04 继续在“曲线”面板中选择“绿”选项，设置参数，如图 6.27 所示。

图 6.27

Step 05 继续在“曲线”面板中选择“蓝”选项，设置参数，如图 6.28 所示。

图 6.28

Step 06 选择“曲线”图层，在“图层”面板中设置该图层的“不透明度”为 88%，如图 6.29 所示。

图 6.29

Step07 单击“图层”面板下方的“创建新的填充或调整图层”按钮，在打开的下拉列表中选择“可选颜色”选项，在“颜色”下拉列表中选择“红色”选项，设置参数，如图 6.30 所示。

图 6.30

Step08 继续在“颜色”下拉列表中选择“黄色”选项，设置参数，如图 6.31 所示。

图 6.31

Step09 继续在“颜色”下拉列表中选择“白色”选项，设置参数，如图 6.32 所示。

图 6.32

Step10 选择“选取颜色”图层，在“图层面板”中设置该图层的“不透明度”为 62%，如图 6.33 所示。

图 6.33

Step 11 继续添加“色阶”图层，设置色阶参数，增加画面对比度，并将该图层的“不透明度”调整为 90%，如图 6.34 所示。

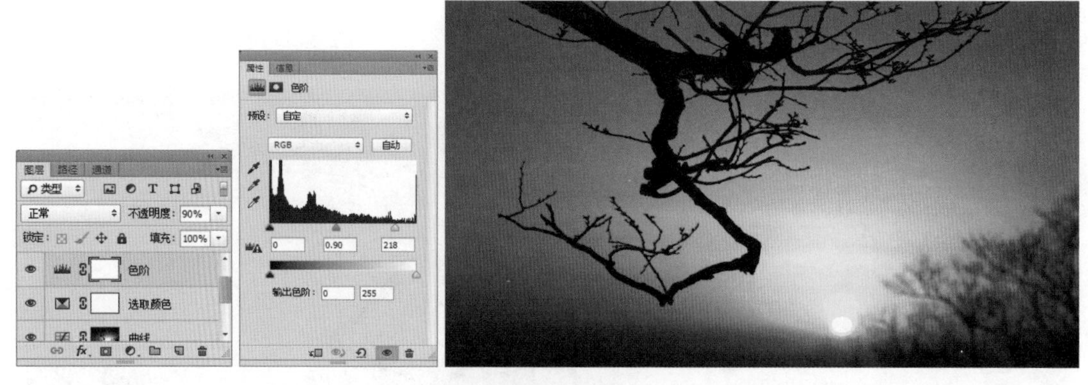

图 6.34

Step 12 按【Ctrl+Shift+Alt+E】组合键盖印可见图层，将盖印的图层名称修改为“锐化”，如图 6.35 所示。

图 6.35

Step 13 执行“滤镜→锐化→ USM 锐化”命令，在弹出的对话框中设置参数，将图像进行锐化，最终效果如图 6.36 所示。

图 6.36

6.4 调整饱和度

本节中的案例将讲解如何调整图像的饱和度。观察原图，可以发现图像暗淡，缺乏色彩感，且饱和度过低。首先使用曲线图层，调整图像色调，使图像具有色彩感。然后添加色相/饱和度图层，提高图像的饱和度，最后使用锐化命令，设置参数，使图像更加清晰，本案例原图和最终效果如图 6.37 所示。

图 6.37

Step01 打开文件，执行“文件→打开”命令，或按【Ctrl+O】组合键，打开素材文件“6.4.jpg”，如图 6.38 所示。

Step02 拖曳“背景”图层到“图层”面板下方的“创建新图层”按钮上，新建“背景 复制”图层，如图 6.39 所示。

图 6.38

图 6.39

Step03 单击“图层”面板下方的“创建新的填充或调整图层”按钮，在打开的下拉列表中选择“曲线”选项，在打开的“曲线”面板中选择“红”选项，设置参数，如图 6.40 所示。

Step04 继续选择“曲线”面板中的“绿”曲线，进行调整，调整后的效果如图 6.41 所示。

图 6.40　　图 6.41

Step05 继续选择“曲线”面板中的“蓝”曲线，进行调整，调整后的效果如图 6.42 所示。

Step06 选择“曲线”图层，将该图层的混合模式调整为“柔光”，“不透明度”调整为 80%，如图 6.43 所示。

图 6.42　　图 6.43

Step07 继续添加“曲线”图层，设置曲线参数，将图像色调进行调整，如图 6.44 所示。

Step08 继续单击“图层”面板下方的“创建新的填充或调整图层”按钮，在打开的下拉列表中选择“色相/饱和度”选项，设置参数，如图 6.45 所示。

图 6.44

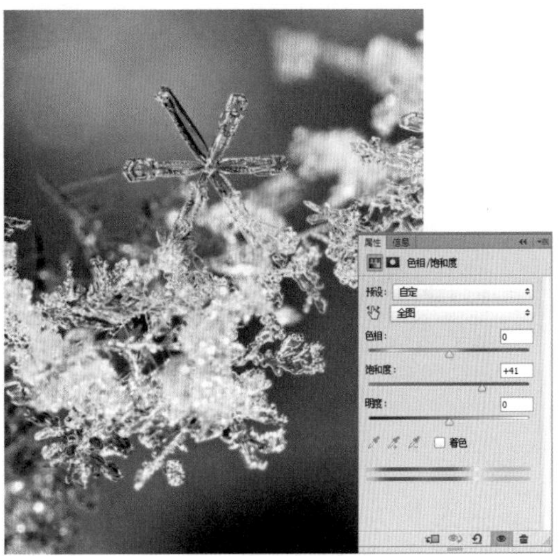

图 6.45

Step09 执行“滤镜→锐化→ USM 锐化”命令，在弹出的对话框中设置参数，将图像进行锐化，使图像更加清晰，效果如图 6.47 所示。下面盖印图层，按【Ctrl+Shift+Alt+E】组合键盖印可见图层，将盖印的图层名称修改为“锐化”，如图 6.46 所示。

Step10 执行“滤镜→锐化→ USM 锐化”命令，在弹出的对话框中设置参数，将图像进行锐化，使图像更加清晰，最终效果如图 6.47 所示。

图 6.46

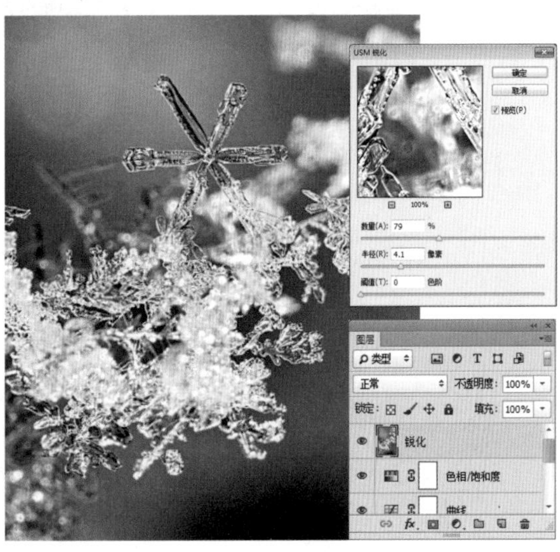

图 6.47

6.5 曝光度调色

本节中的案例主要讲解曝光度调色的方法。观察原图可以发现，图像比较暗淡。首先使用曲线命令将图像亮度提亮，然后利用亮度/对比度命令调整图像，接下来对图像中的瑕疵进行修整，最后将图像的颜色加深，增强清晰度，本案例原图和最终效果如图 6.48 所示。

图 6.48

Step01 执行“文件→打开”命令，或按【Ctrl+O】组合键，打开素材文件“6.5.jpg”，拖曳“背景”图层到“图层”面板下方的“创建新图层”按钮上，新建“背景 复制”图层，如图 6.49 所示。

图 6.49

Step02 单击“图层”面板下方的“创建新的填充或调整图层”按钮，在打开的下拉列表中选择“曲线”选项，设置参数，将画面提亮，如图 6.50 所示。

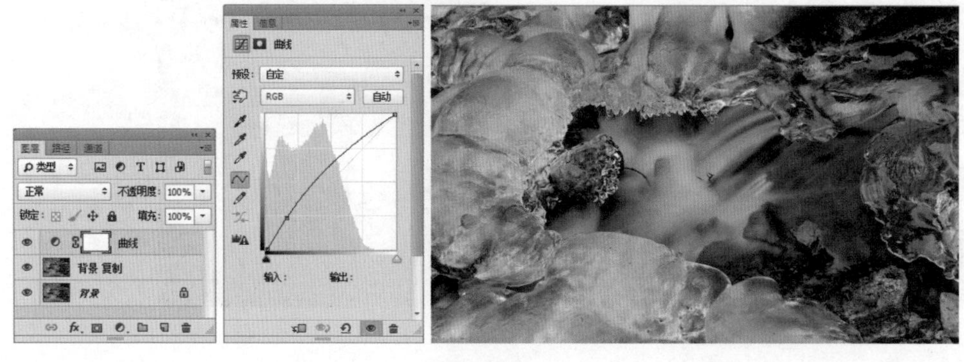

图 6.50

Step03 继续单击“图层”面板下方的“创建新的填充或调整图层”按钮，在打开的下拉列表中选择“亮度/对比度”选项，设置参数，如图 6.51 所示。

Step04 按【Ctrl+Shift+Alt+E】组合键盖印可见图层，将盖印的图层名称修改为“瑕疵修整”，单击工具箱中的“修补工具”按钮，在选项栏中设置为“源”，对画面中存在瑕疵的部位进行框选，将其拖曳到相邻完好的图像上，对其进行修补。使用同样的方法修整其他瑕疵，如图 6.52 所示。

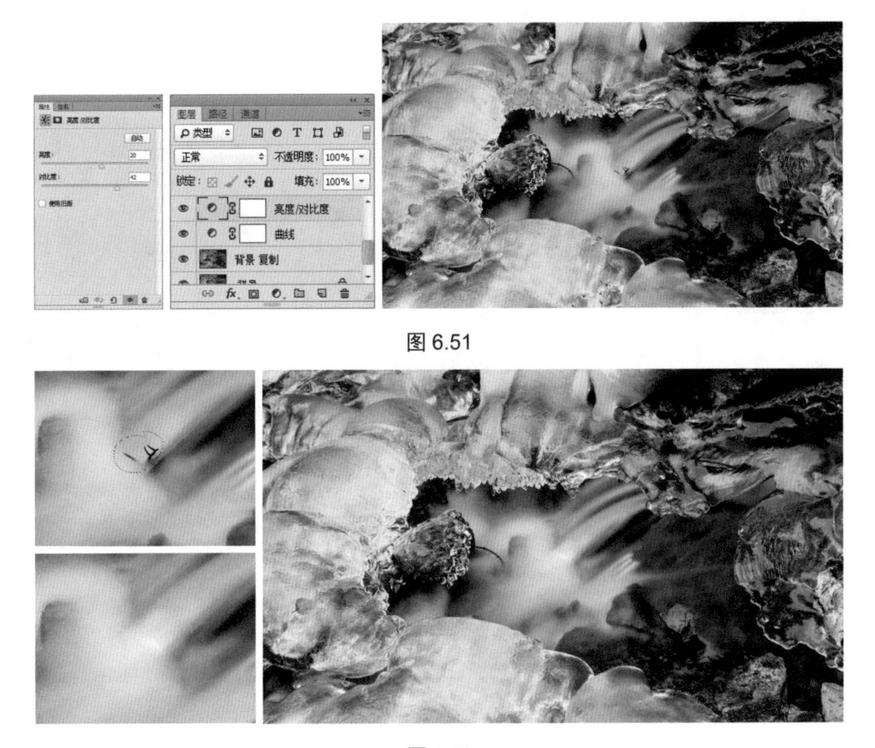

图 6.51

图 6.52

Step05 继续盖印可见图层，将盖印的图层名称修改为“加深颜色”。执行“滤镜→模糊→高斯模糊”命令，在弹出的“高斯模糊”对话框中设置参数，如图 6.53 所示。

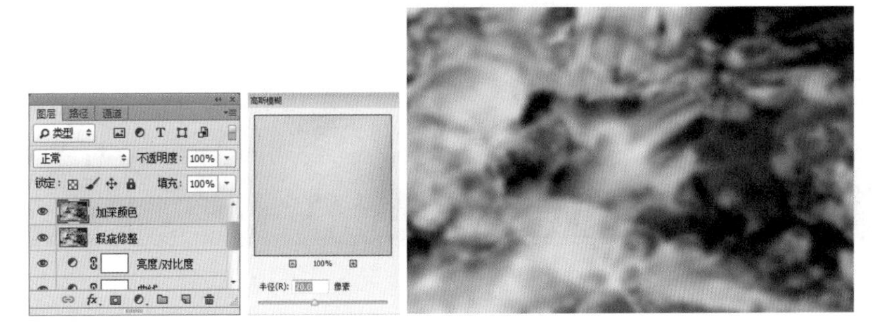

图 6.53

Step06 在“图层”面板中设置“颜色加深”图层的混合模式为“柔光”，“不透明度”为 18%，如图 6.54 所示。

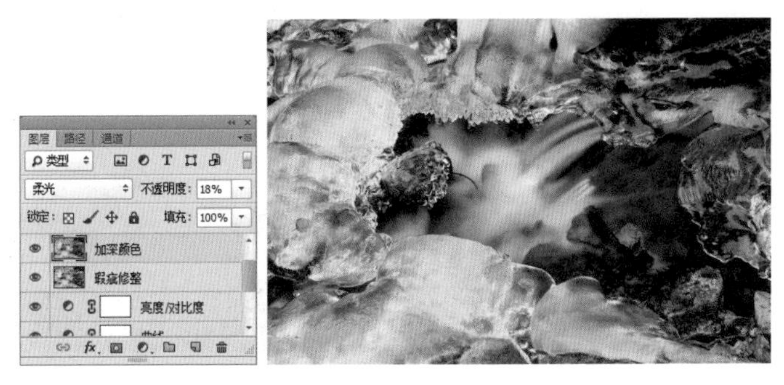

图 6.54

Step 07 继续按【Ctrl+Shift+Alt+E】组合键盖印可见图层，将盖印的图层名称修改为“锐化”，执行“滤镜→锐化→USM锐化”命令，在弹出的对话框中设置参数，最终效果如图6.55所示。

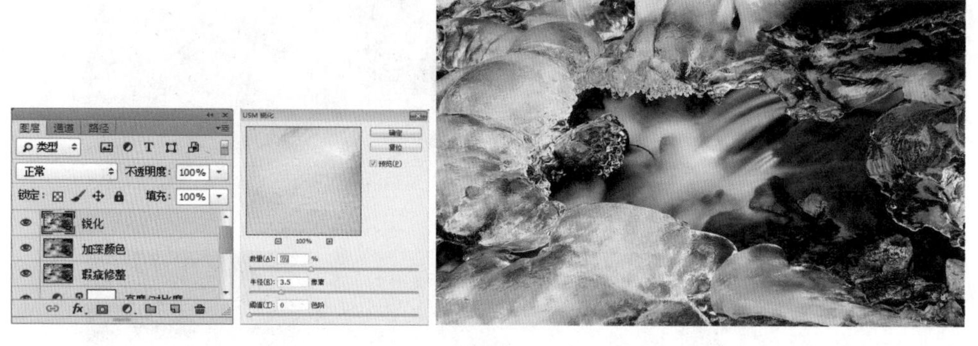

图 6.55

6.6 曲线校正颜色

本案例主要讲解如何通过曲线校正颜色，首先通过载入阴影选区配合“滤色”混合模式，提亮阴影部位，再通过添加“曲线”和“色阶”命令调整图像的色调，最后通过“USM锐化”命令锐化图像，增加图像锐度，本案例原图和最终效果如图6.56所示。

图 6.56

Step 01 执行“文件→打开”命令，在弹出的“打开”对话框中打开素材文件“6.6.jpg”，按【Ctrl+J】组合键复制背景图层，如图6.57所示。

图 6.57

Step 02 按【Ctrl+Alt+2】组合键载入高光选区，再按【Shift+Ctrl+I】组合键反向载入阴影选区，如图 6.58 所示。

图 6.58

Step 03 按【Ctrl+J】组合键复制阴影选区，设置图层的混合模式为“滤色”，提亮图像中的阴影区域，如图 6.59 所示。

图 6.59

Step 04 按【Shift+Ctrl+Alt+E】组合键盖印可见图层，按【Ctrl+J】组合键复制图层，单击工具栏中的“减淡工具”和“加深工具”按钮，在画面中的天空区域涂抹，加深或减淡天空颜色，如图 6.60 所示。

图 6.60

Step 05 按【Ctrl+J】组合键复制阴影选区，设置图层的混合模式为“滤色”，按住【Alt】键同时单击

“图层”面板下方的“添加图层蒙版”按钮，添加图层蒙版。单击“画笔工具”按钮，在选项栏中设置画笔的笔触为柔角画笔，设置前景色为白色，在画面中涂抹，如图 6.61 所示。

图 6.61

> ⓘ 提示：
>
> “图层蒙版”可以理解为在当前图层上面覆盖一层玻璃片，这种玻璃片有透明的、半透明的和完全不透明的。然后用各种绘图工具在蒙版上（即玻璃片上）涂色（只能涂黑色、白色、灰色），涂黑色的地方蒙版变为透明的，看不见当前图层的图像。涂白色则使涂色部分变为不透明，可看到当前图层上的图像，涂灰色使蒙版变为半透明，透明的程度由涂色的灰度深浅决定，它是 Photoshop 中一项十分重要的功能。

Step 06 单击工具栏中的“套索工具”按钮，在画面中框选左侧天空，载入选区，如图 6.62 所示。

Step 07 单击“图层”面板下方的“创建新的填充或调整图层”按钮，在打开的下拉列表中选择“曲线”命令，在打开的“属性”面板中调整曲线，调整左侧天空的色调，如图 6.63 所示。

图 6.62

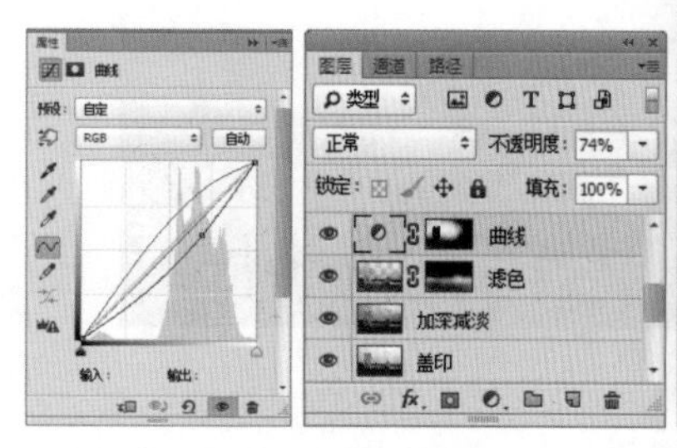

图 6.63

Step 08 添加“曲线”命令，在打开的“属性”面板中调整曲线，选中曲线蒙版并为其填充黑色，选择白色柔角画笔在画面四周涂抹，压暗图像四周，如图 6.64 所示。

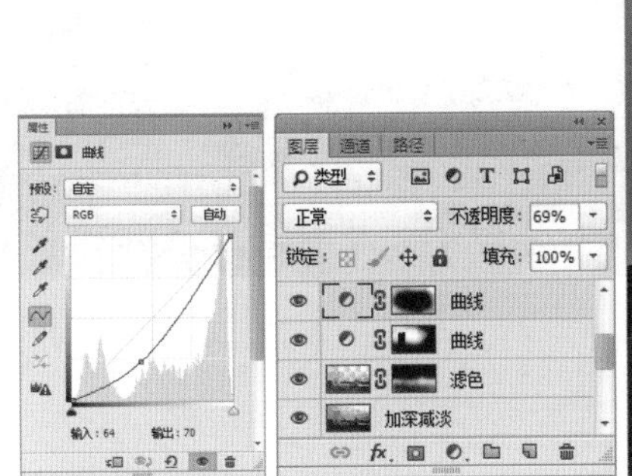

图 6.64

Step 09 添加“色阶”命令，在打开的“属性”面板中设置参数，调整图像色调。选中色阶蒙版，选择黑色柔角画笔在画面下方涂抹，如图 6.65 所示。

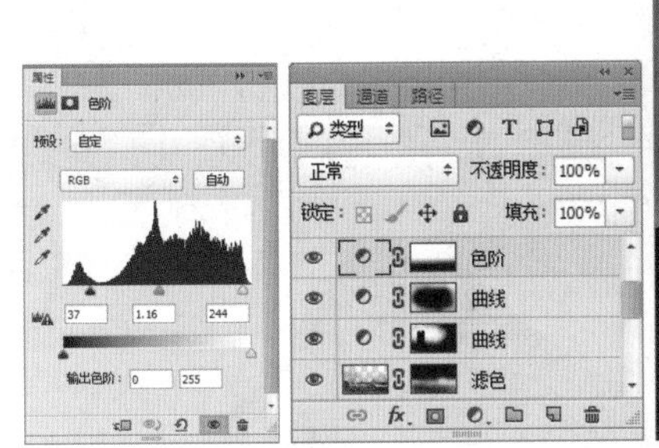

图 6.65

Step 10 盖印图层，执行“滤镜→锐化→ USM 锐化”命令，在弹出的“USM 锐化”对话框中设置参数，对图像进行锐化，如图 6.66 所示。

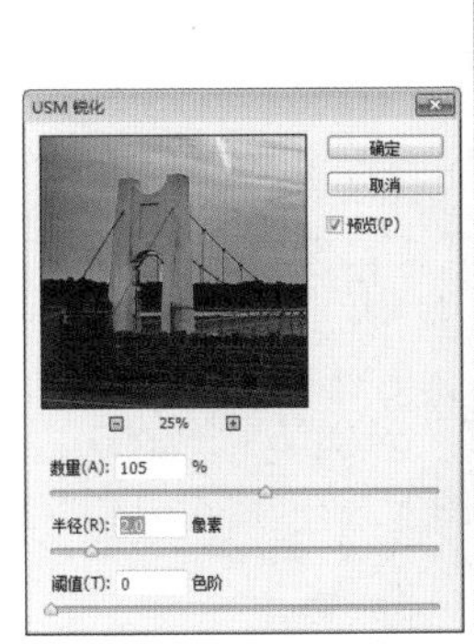

图 6.66

Step 11 盖印图层，单击工具栏中的“修补工具”按钮，在画面中的瑕疵位置框选载入选区，将选区拖曳至相邻的无瑕疵部位，完成修复。用同样的方法修复其他瑕疵，最终效果如图 6.67 所示。

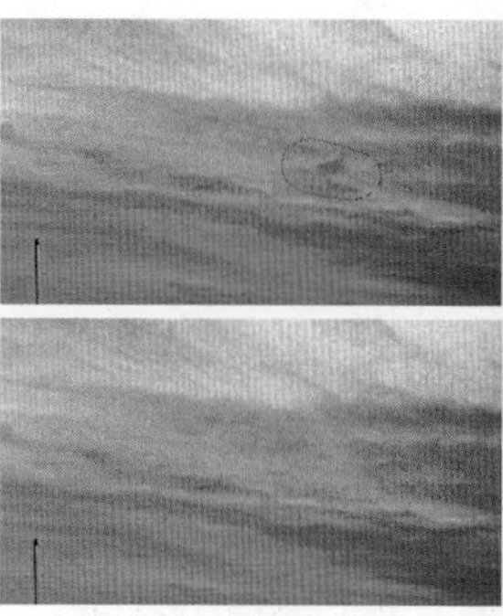

图 6.67

6.7 改变某一区域的色调

本案例主要讲解如何制作火山喷发效果，首先利用“曲线”命令对画面中高光区域的色调进行调整，其次继续利用“可选颜色”“曲线”“色阶”等命令调整云朵色调并增加层次感，最后锐化山体和湖面完成制作，本案例原图和最终效果如图 6.68 所示。

图 6.68

Step01 执行“文件→打开”命令，在弹出的“打开”对话框中打开素材文件“6.7.jpg”，按【Ctrl+J】组合键复制背景图层，如图 6.69 所示。

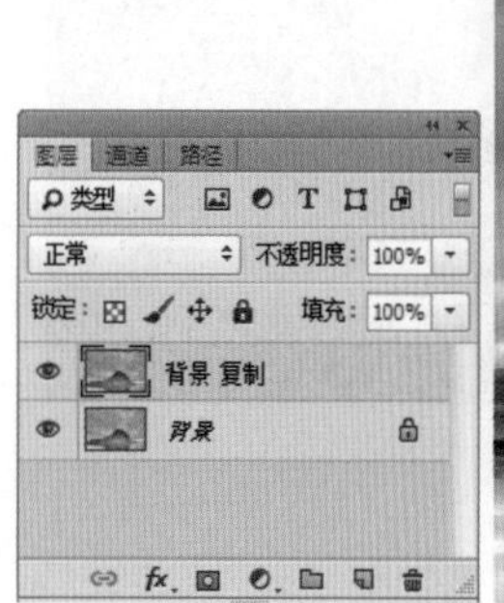

图 6.69

Step02 再次复制背景图层，单击工具栏中的“加深工具”按钮，在画面中的天空区域涂抹，加深天空颜色，如图 6.70 所示。

图 6.70

Step03 按【Ctrl+Alt+2】组合键载入图像高光选区，如图 6.71 所示。

Step04 添加曲线。单击“图层”面板下方的“创建新的填充或调整图层”按钮，在打开的下拉列表中选择“曲线”命令，在打开的“属性”面板中调整曲线，调整高光色调，如图 6.72 所示。

图 6.71

图 6.72

Step05 添加“可选颜色”命令，在打开的“属性”面板中设置参数，调整图像色调，如图 6.73 所示。

Step06 单击“图层”面板上方的“通道”按钮，转到“通道”面板中。复制“红”通道，按【Ctrl+M】组合键，在弹出的“曲线”对话框中调整曲线，单击“确定”按钮结束。按住【Ctrl】键的同时单击“红拷贝”通道的缩览图载入选区，如图 6.74 所示。

图 6.73

图 6.74

Step07 选择 RGB 通道，回到“图层”面板中，添加“曲线”命令，在打开的“属性”面板中调整曲线。选择曲线蒙版，选择黑色柔角画笔，在画面下方的山体和湖水区域涂抹，调整选区色调，如图 6.75 所示。

图 6.75

Step08 添加“曲线”命令，在打开的“属性”面板中调整曲线，选中曲线蒙版并为其填充黑色，选择白色柔角画笔，在画面中的湖面区域涂抹，调整湖面色调，如图 6.76 所示。

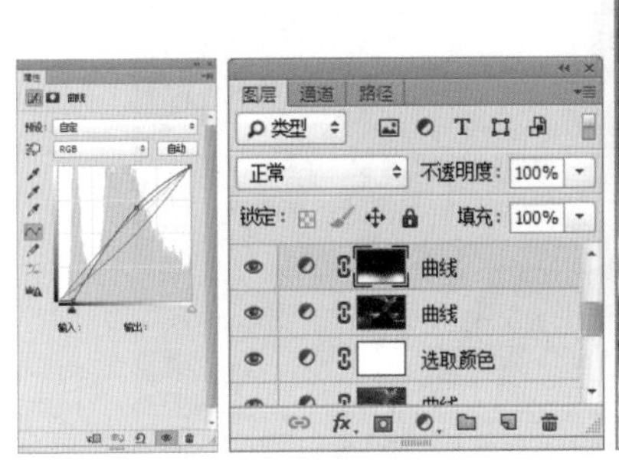

图 6.76

Step 09 添加“色阶”命令，在打开的“属性”面板中设置参数。选中色阶蒙版，选择黑色柔角画笔，在画面中的山体和湖面区域涂抹，调整天空色调，如图 6.77 所示。

图 6.77

Step 10 添加“曲线”命令，在打开的“属性”面板中设置参数，选中曲线蒙版，选择黑色柔角画笔，在画面中的山体和湖面区域涂抹，调整天空色调，如图 6.78 所示。

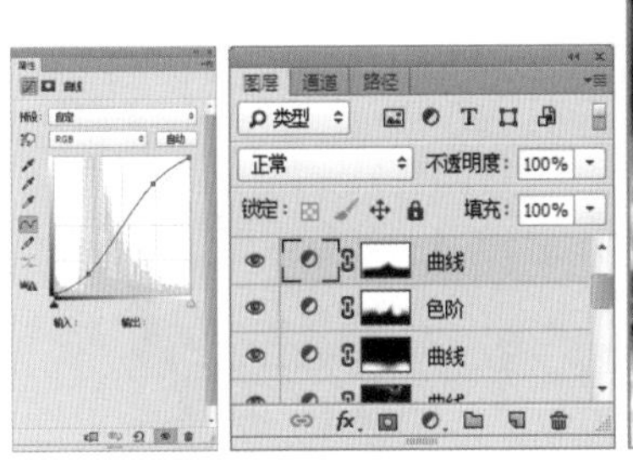

图 6.78

Step 11 盖印图层，执行“滤镜→锐化→ USM 锐化”命令，在弹出的“USM 锐化”对话框中设置参数，单击“确定”按钮。单击“图层”面板下方的“添加图层蒙版”按钮，选择黑色柔角画笔，在画面中的天空区域涂抹，锐化山体和湖面，最终效果如图 6.79 所示。

图 6.79

6.8 通过可选颜色控制整体色调

本案例首先通过添加“色阶”命令校正图像色调，再通过添加“曲线”命令配合图层蒙版分别调整图像中各个区域的色调，最后添加“可选颜色”命令调整图像的色调，本案例原图和最终效果如图 6.80 所示。

图 6.80

Step01 执行“文件→打开”命令，在弹出的“打开”对话框中打开素材文件“6.8.jpg”，按【Ctrl+J】组合键复制背景图层，如图 6.81 所示。

图 6.81

Step 02 单击“图层”面板下方的“创建新的填充或调整图层”按钮，在打开的下拉列表中选择“色阶”选项，在打开的“属性”面板中设置参数，调整图像色调，如图 6.82 所示。

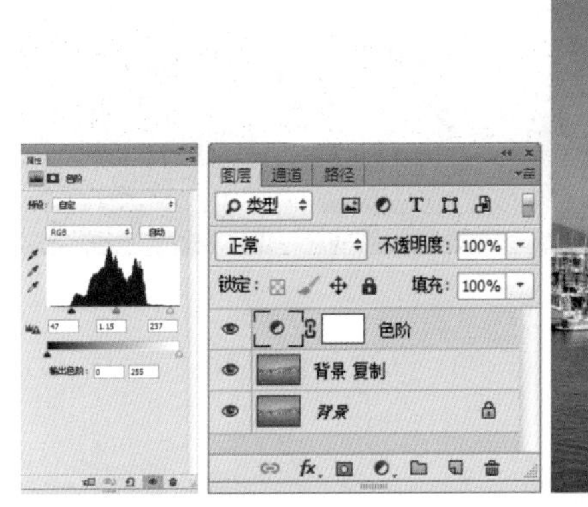

图 6.82

Step 03 盖印图层，单击工具栏中的“加深工具”和“减淡工具”按钮，在画面中涂抹，加深或减淡图像颜色，如图 6.83 所示。

图 6.83

Step 04 添加“曲线”命令，在打开的“属性”面板中调整曲线，选中曲线蒙版，为其填充黑色，选择白色柔角画笔，在画面中的湖水区域涂抹，调整湖水色调，如图 6.84 所示。

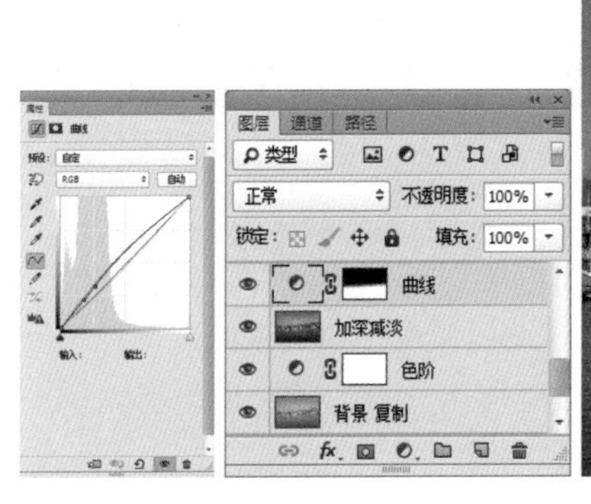

图 6.84

Step05 单击“图层”面板上方的“通道”按钮，转到“通道”面板中，复制“红”通道，按【Ctrl+M】组合键，在弹出的“曲线”对话框中调整曲线，单击“确定”按钮。按住【Ctrl】键的同时单击“红拷贝”通道缩览图载入选区，如图 6.85 所示。

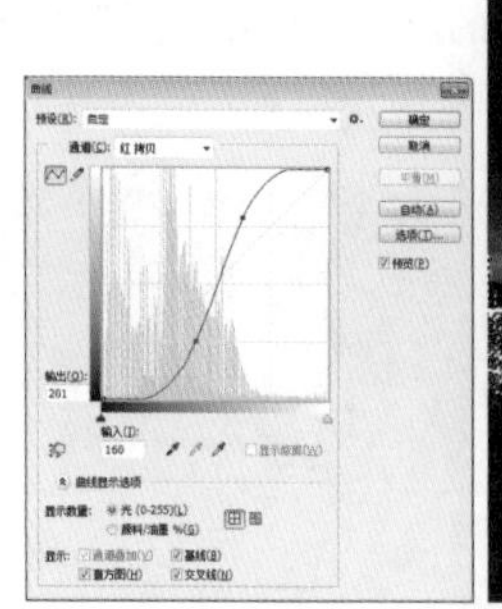

图 6.85

Step06 选择 RGB 通道，回到“图层”面板中，添加“曲线”命令，在打开的“属性”面板中调整曲线，调整亮部色调，设置该图层的“不透明度”为 73%，如图 6.86 所示。

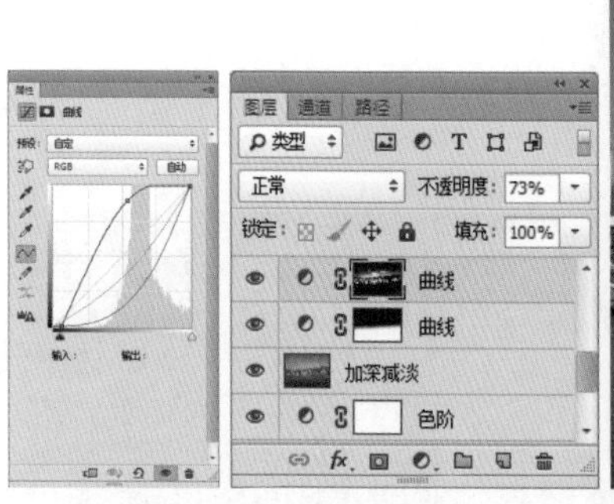

图 6.86

Step07 添加“黑白”命令，在打开的“属性”面板中设置参数，调整图像色调，如图 6.87 所示。

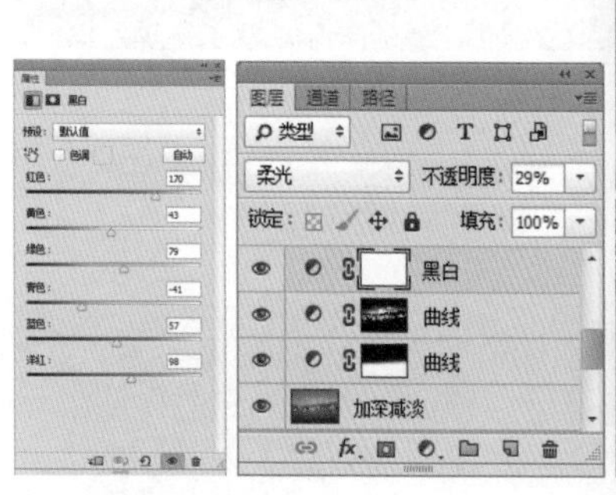

图 6.87

Step08 添加“色相/饱和度”命令，在打开的“属性”对话框中设置参数，调整图像的色相和饱和度，如图 6.88 所示。

Step09 添加“曲线”命令，在打开的“属性”面板中调整曲线，选中曲线蒙版，选择黑色柔角画笔，降低不透明度，在画面中的四周位置涂抹，压暗图像四周，如图 6.89 所示。

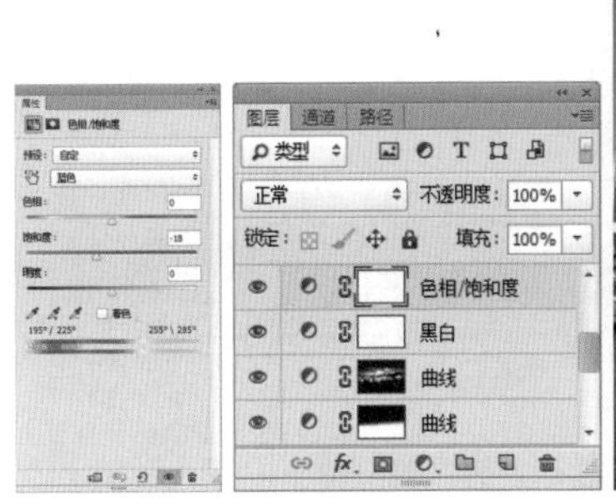

图 6.88

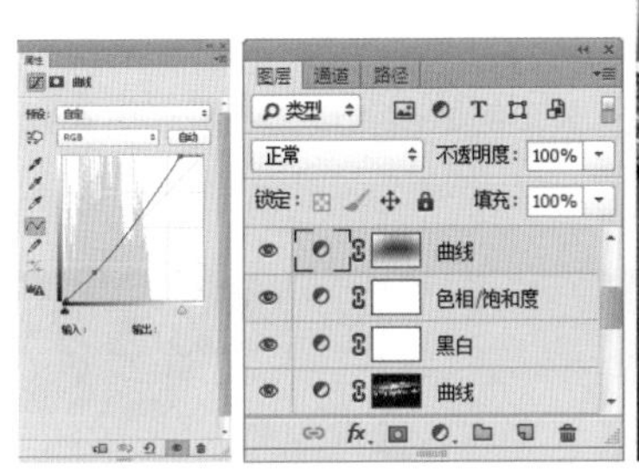

图 6.89

Step 10 添加“可选颜色”命令，在打开的“属性”面板中设置参数，调整图像色调，如图 6.90 所示。

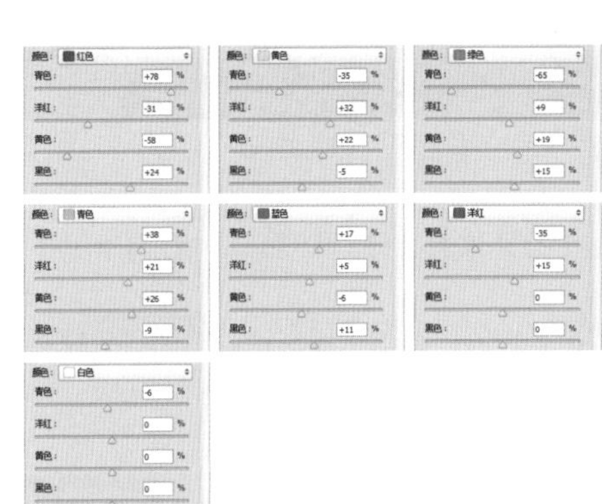

图 6.90

Step 11 盖印图层，执行“滤镜→锐化→ USM 锐化”命令，在弹出的“USM 锐化”对话框中设置参数，单击“确定”按钮锐化图像，最终效果如图 6.91 所示。

图 6.91

6.9 去掉一个通道

本案例首先通过将绿通道复制粘贴到蓝通道的方法调整图像色调，再通过“曲线”“色相/饱和度”等命令进一步调整图像色调，最后执行“USM 锐化”命令增加图像锐度，本案例原图和最终效果如图 6.92 所示。

图 6.92

Step01 执行“文件→打开”命令，在弹出的“打开”对话框中打开素材文件“6.9.jpg”，按【Ctrl+J】组合键复制背景图层，如图 6.93 所示。

Step02 再次复制背景图层，切换到“通道”面板，按住【Ctrl】键的同时单击绿通道缩览图载入绿通道选区，按【Ctrl+C】组合键复制选区，如图 6.94 所示。

图 6.93

图 6.94

Step03 盖印图层，转到“通道”面板中，载入“绿”通道选区，复制选区，如图 6.96 所示。下面粘贴到“蓝”通道中，选中“蓝”通道，按【Ctrl+V】组合键将“绿”通道选区粘贴到“蓝”通道中，按【Ctrl+D】组合键取消选区，单击“图层”按钮回到图层面板中，如图 6.95 所示。

Step04 盖印图层，转到“通道”面板中，载入“绿”通道选区，复制选区，如图 6.96 所示。

图 6.95

图 6.96

Step05 选中“蓝”通道，将“绿”通道选区粘贴到“蓝”通道中，取消选区，回到“图层”面板中，完成调色，如图 6.97 所示。

Step06 单击“图层”面板下方的“创建新的填充或调整图层”按钮，在打开的下拉列表中选择“曲线”选项，在打开的“属性”面板中调整曲线，调整图像色调，如图 6.98 所示。

图 6.97

图 6.98

Step07 添加“亮度/对比度”命令，在打开的“属性”面板中设置参数，调整图像的亮度和对比度，如图 6.100 所示。下面调整色相和饱和度，添加“色相/饱和度”命令，在打开的“属性”面板中设置参数，调整图像的色相和饱和度，如图 6.99 所示。

Step08 添加“亮度/对比度”命令，在打开的“属性”面板中设置参数，调整图像的亮度和对比度，如图 6.100 所示。

图 6.99

图 6.100

Step 09 单击工具栏中的“套索工具”按钮，在选项栏中设置“羽化”为 200 像素，在画面中框选载入选区，如图 6.101 所示。

Step 10 添加“曲线”命令，在打开的“属性”面板中调整曲线，压暗图像四周，如图 6.102 所示。

图 6.101

图 6.102

Step 11 先盖印图层，然后执行“滤镜→锐化→ USM 锐化”命令，在弹出的“USM 锐化”对话框中设置参数，单击“确定”按钮，增加图像锐度，最终效果如图 6.103 所示。

图 6.103

6.10 修正逆光

本案例首先运用滤色图层提亮图像，找回图像中的细节，再通过“色阶”“曲线”等命令对图像的色调进行调整，本案例原图和最终效果如图 6.104 所示。

图 6.104

Step 01 执行“文件→打开”命令，在弹出的“打开”对话框中打开素材文件“6.10.jpg”，按【Ctrl+J】组合键复制背景图层，如图 6.105 所示。

Step 02 再次复制背景图层，设置图层的混合模式为“滤色”，调整图像色调，如图 6.106 所示。

图 6.105

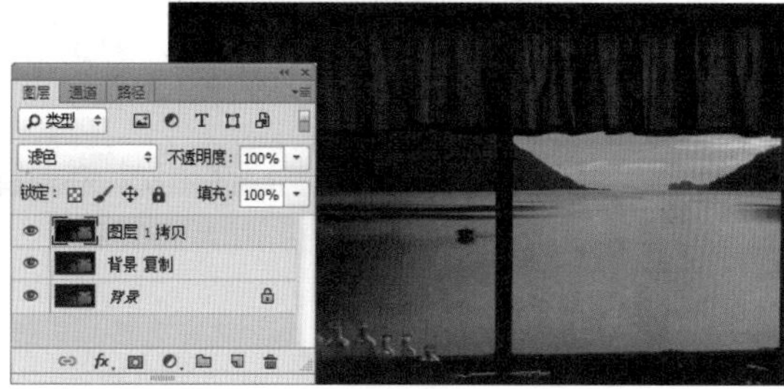

图 6.106

Step 03 利用相似的方法，制作更多滤色图层，调整图像色调，如图 6.107 所示。

Step 04 单击“图层”面板下方的“新建组”按钮，更改组名称为“滤色”，将所有滤色图层拖曳至“滤色”组内，单击“图层”面板下方的“添加图层蒙版”按钮上，选择黑色柔角画笔，调整不透明度，在画面中窗口过亮处涂抹，如图 6.108 所示。

图 6.107

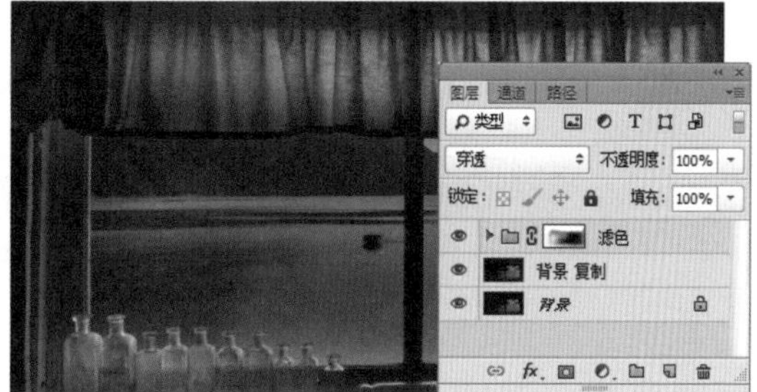

图 6.108

Step 05 盖印图层，按【Ctrl+T】组合键，将图像向左自由变换，按【Enter】键确认，改变图像构图，如图 6.109 所示。

Step 06 盖印图层，单击工具栏中的“修补工具”按钮，在画面中的瑕疵位置框选载入选区，将选区拖曳至相邻的无瑕疵部位，完成修复，用同样的方法修复其他瑕疵，如图 6.110 所示。

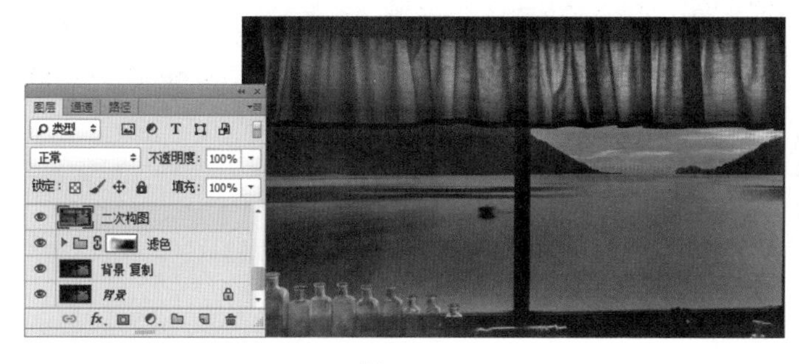

图 6.109

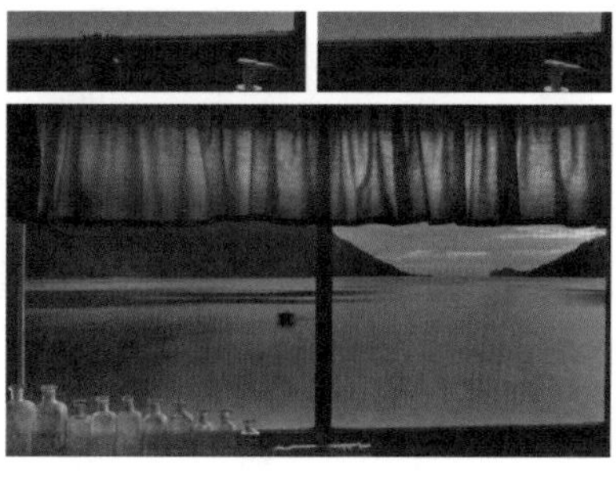

图 6.110

Step 07 单击“图层”面板下方的“创建新的填充或调整图层”按钮，在打开的下拉列表中选择“色阶”选项，在打开的“属性”面板中设置参数，调整图像色调，如图 6.111 所示。

Step 08 单击工具栏中的“钢笔工具”按钮，在选项栏中设置工具的模式为“路径”，在画面中绘制出图像左下方的瓶子的路径，按【Ctrl+Enter】组合键将路径转化为选区，如图 6.112 所示。

图 6.111

图 6.112

Step09 添加“色阶”命令，在打开的“属性”面板中设置参数，调整瓶子的色调，如图 6.113 所示。

Step10 添加“色相/饱和度”命令，在打开的“属性”面板中设置参数，复制色阶图层蒙版到“色相/饱和度”图层，如图 6.114 所示。

图 6.113

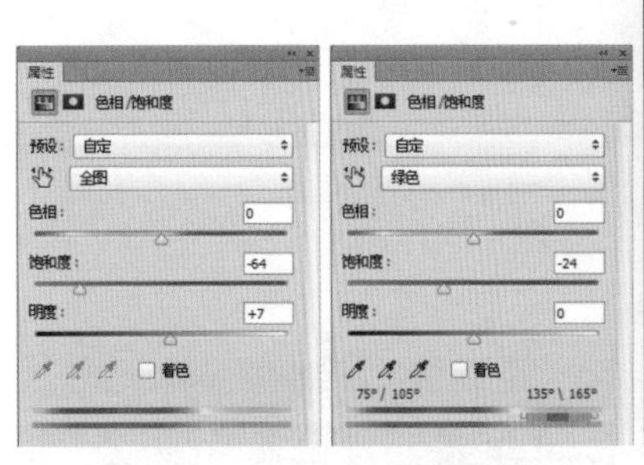

图 6.114

Step11 添加“曲线”命令，在打开的“属性”面板中调整曲线，调整图像色调，如图 6.115 所示。

Step12 单击“图层”面板上方的“通道”按钮，转到“通道”面板中，按住【Ctrl】键的同时单击“绿”通道缩览图载入选区，如图 6.116 所示。

Step13 添加“曲线”命令，在打开的“属性”面板中调整曲线，调整图像色调，如图 6.117 所示。

Step14 单击“图层”面板上方的“通道”按钮，转到“通道”面板中，复制“红”通道得到“红拷贝”通道，按【Ctrl+L】组合键，在弹出的“色阶”对话框中设置参数，单击“确定”按钮。按住【Ctrl】键的同时单击“红拷贝”通道缩览图载入选区，如图 6.118 所示。

图 6.115

图 6.116

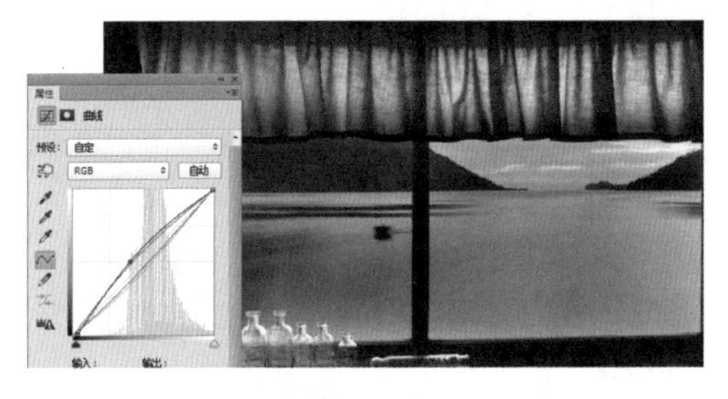

图 6.117

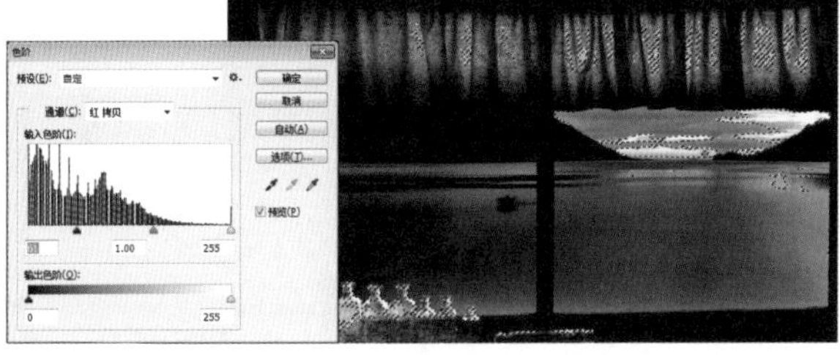

图 6.118

Step 15 选择 RGB 通道，转到“图层”面板中，添加“曲线”命令，在打开的“属性”面板中调整曲线，调整选区内图像的色调，最终效果如图 6.119 所示。

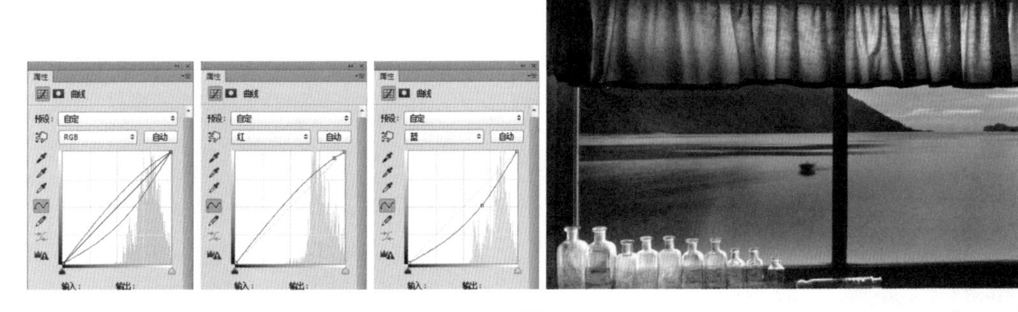

图 6.119

6.11 红外线调色

本节中的案例将要制作的是东北风光。东北是一个较为寒冷的地区，所以需要将色调调整得偏冷。首先利用“色相/饱和度”命令，降低图像的饱和度，然后利用“色阶”“亮度/对比度”命令调整图像的对比度及亮度。然后继续利用“色相/饱和度”命令，调整图像的色调，最后将图像整体颜色加深，本案例原图和最终效果如图 6.120 所示。

图 6.120

Step01 执行“文件→打开”命令，或按【Ctrl+O】组合键，打开素材文件“6.11.jpg”，拖曳“背景”图层到“图层”面板下方的“创建新图层”按钮上，新建“背景 复制”图层，如图 6.121 所示。

Step02 单击“图层”面板下方的“创建新的填充或调整图层”按钮，在打开的下拉列表中选择“色相/饱和度”选项，选择“黄色”选项，设置参数，如图 6.122 所示。

图 6.121

图 6.122

Step03 继续在“色相/饱和度”面板中选择“绿色”选项，设置参数，如图 6.123 所示。

Step04 继续在“色相/饱和度”面板中选择“青色”选项，设置参数，如图 6.124 所示。

图 6.123

图 6.124

Step05 继续单击“图层”面板下方的“创建新的填充或调整图层”按钮，在打开的下拉列表中选择“色阶”选项，设置参数，如图 6.125 所示。

Step06 继续添加“亮度/对比度”图层，设置参数，如图 6.126 所示。

图 6.125

图 6.126

Step07 继续创建“色相/饱和度”图层，设置参数，如图 6.127 所示。

Step08 继续单击“图层”面板下方的“创建新的填充或调整图层”按钮，在打开的下拉列表中选择“色阶”选项，设置参数，如图 6.128 所示。

图 6.127

图 6.128

Step09 选择“色阶”蒙版，利用黑色柔角画笔，在页面上进行涂抹，将部分色阶效果进行隐藏，如图 6.129 所示。

Step10 按【Ctrl+Shift+Alt+E】组合键盖印可见图层，将盖印的图层名称修改为“颜色加深”，如图 6.130 所示。

图 6.129

图 6.130

Step 11 执行“滤镜→模糊→高斯模糊”命令，在弹出的“高斯模糊”对话框中设置参数，如图 6.131 所示。

Step 12 选择“加深颜色”图层，在“图层”面板中设置该图层的混合模式为“柔光”，“不透明度”为 35%，如图 6.132 所示。

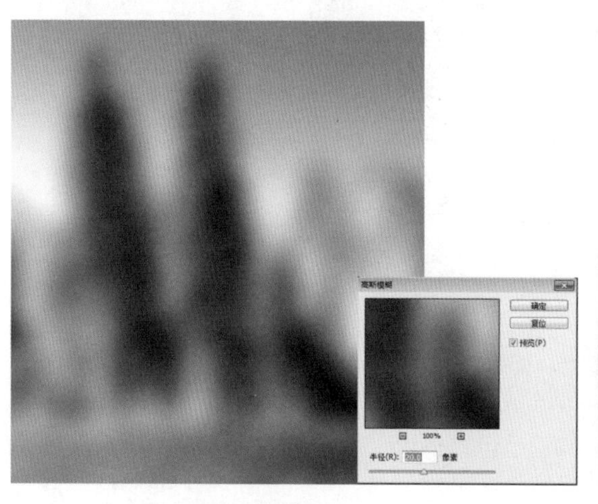

图 6.131

图 6.132

Step 13 添加“曲线”图层，设置参数，将图像亮度进行压暗，如图 6.133 所示。

Step 14 继续添加“色相/饱和度”图层，设置参数，最终效果如图 6.134 所示。

图 6.133

图 6.134

6.12 红外线偏色调色

本节中的案例将要制作雪域森林的效果。首先使用“色相 / 饱和度”命令，将图像进行去色。然后利用“色阶”“亮度/对比度”命令，使图像更具有层次感，接下来使用加深工具将部分图像颜色进行加深，使画面更加立体。最后使用曲线调整图像的色调即可，本案例原图和最终效果如图 6.135 所示。

图 6.135

Step01 执行“文件→打开”命令，或按【Ctrl+O】组合键，打开素材文件“6.12.jpg”，拖曳“背景”图层到“图层”面板下方的“创建新图层”按钮上，新建“背景 复制”图层，如图 6.136 所示。

图 6.136

Step02 单击“图层”面板下方的“创建新的填充或调整图层”按钮，在打开的下拉列表中选择“色相/饱和度”选项，选择“黄色”选项，设置参数，如图 6.137 所示。

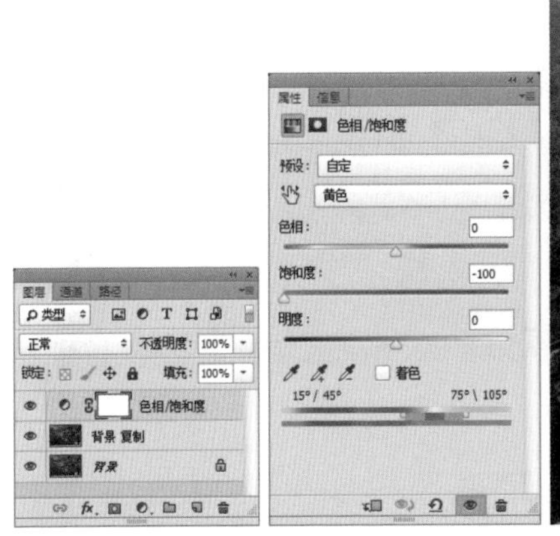

图 6.137

Step03 继续选择“绿色”选项，设置参数，如图 6.138 所示。

Step04 继续选择“青色”选项，设置参数，如图 6.139 所示。

Step05 继续单击“图层”面板下方的“创建新的填充或调整图层”按钮，在打开的下拉列表中选择“色阶”选项，设置参数，使画面对比度增强，利用黑色柔角画笔，降低画笔的不透明度，在画面的草地上进行涂抹，使色阶效果降低，如图 6.140 所示。

Step06 添加“亮度/对比度”图层，设置参数，如图 6.141 所示。

图 6.138

图 6.139

图 6.140

图 6.141

Step07 继续添加“色阶”图层，设置参数，如图 6.142 所示。

图 6.142

Step08 按【Ctrl+Shift+Alt+E】组合键盖印可见图层，将盖印的图层名称修改为“加深”，单击工具箱中的“加深工具”按钮，在选项栏中设置笔触的大小与曝光度，在图像下方的树木部分进行涂抹，使其颜色加深，如图 6.143 所示。

图 6.143

Step09 添加“黑白”图层，设置参数，将画面中带有色彩的图像进行调整，如图 6.144 所示。

图 6.144

Step10 继续添加“色阶”图层，设置参数，选择“色阶”蒙版，利用黑色柔角画笔，在页面上进行涂抹，将部分色阶效果进行隐藏，如图 6.145 所示。

图 6.145

Step 11 添加“曲线”图层，设置曲线参数，选择“曲线”蒙版，按【Ctrl+I】组合键进行反向，利用白色柔角画笔在画面中地面的部分进行涂抹，使曲线效果只应用于地面，如图 6.146 所示。

图 6.146

Step 12 将图层隐藏至“背景 复制”图层，单击工具箱中的“钢笔工具”按钮，绘制画面上的房子的封闭路径。绘制完成后，按【Ctrl+Enter】组合键将路径转换为选区，继续按【Ctrl+J】组合键将选区内的图像复制到一个新的图层中，即“房子”图层。调整图层顺序，将图层进行显示，如图 6.147 所示。

图 6.147

Step13 添加“曲线”图层，设置曲线参数，将画面提亮，如图 6.148 所示。

图 6.148

Step14 选择“曲线”图层，执行“图层→创建剪贴蒙版”命令，创建剪贴蒙版，使曲线效果只应用于“房子”图层，如图 6.149 所示。

图 6.149

Step15 添加“色相/饱和度”图层，设置参数，并将该图层只应用于“房子”图层上，如图 6.150 所示。

Step16 添加“自然/饱和度”图层，设置参数，降低自然饱和度，并将该图层只应用于“房子”图层上，如图 6.151 所示。

图 6.150

图 6.151

Step 17 添加“色彩平衡”图层，设置参数，并将该图层只应用于“房子”图层上，如图 6.152 所示。

图 6.152

Step 18 添加“曲线”图层，设置参数，调整图像整体色调，如图 6.153 所示。

图 6.153

Step19 选择“曲线”蒙版，利用黑色柔角画笔，在画面中的房子与地面处进行涂抹，将曲线效果进行隐藏，最终效果如图 6.154 所示。

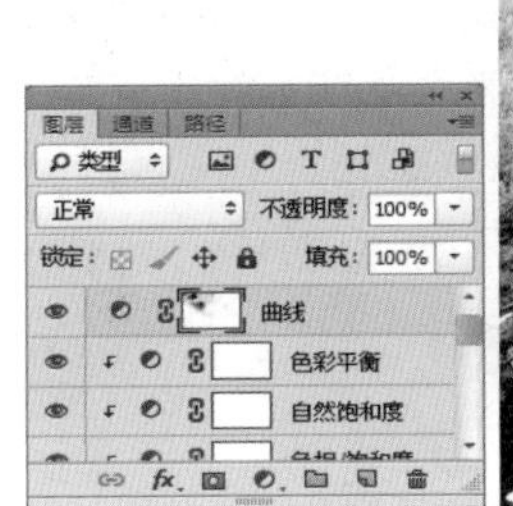

图 6.154

6.13 调整为黑白照片

本节中的案例主要使用“色阶”命令，先将图像提亮，然后添加黑白图层，将图像进行去色，最后使用“渐变映射”命令，使图像的黑白效果更具有层次感，本案例原图和最终效果如图 6.155 所示。

图 6.155

Step01 执行“文件→打开”命令，或按【Ctrl+O】组合键，打开素材文件“6.13.jpg”，拖曳“背景”图层到“图层”面板下方的“创建新图层”按钮上，新建“背景 复制”图层，如图 6.156 所示。

图 6.156

Step02 单击“图层”面板下方的“创建新的填充或调整图层”按钮，在打开的下拉列表中选择“色阶”选项，设置参数，增强画面对比度，如图 6.157 所示。

Step03 添加“黑白”图层，设置参数，将画面进行去色，如图 6.158 所示。

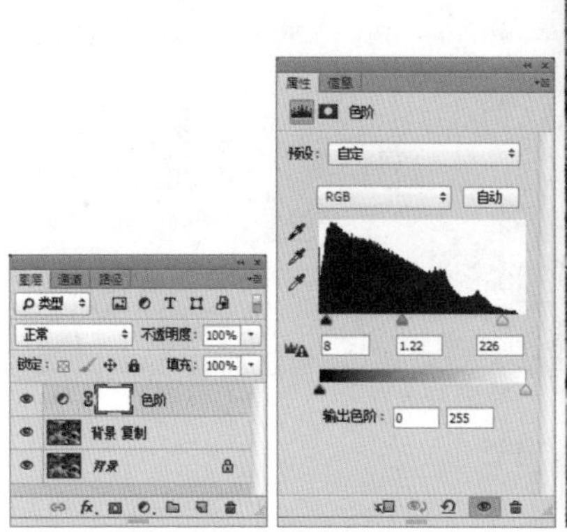

图 6.157

图 6.158

Step04 添加“渐变映射”图层，设置参数，如图 6.159 所示。

Step05 选择“渐变映射”图层，在“图层”面板中设置该图层的混合模式为“柔光”，如图 6.160 所示。

图 6.159

图 6.160

Step06 继续在“图层”面板中将“渐变映射”图层的“不透明度”调整为 40%，如图 6.161 所示。

Step07 按【Ctrl+Shift+Alt+E】组合键盖印可见图层，将盖印的图层名称修改为“效果图”，最终效果如图 6.162 所示。

图 6.161　　　　图 6.162

6.14 冷色色温控制

本案例是一个将暖色清晨的图片调整为冷色调清晨的案例。本例主要通过“色彩平衡”“亮度/对比度”“可选颜色”等命令将图片色调向冷色调调整，本案例原图和最终效果如图 6.163 所示。

图 6.163

Step01 执行“文件→打开”命令，在弹出的“打开”对话框中打开素材文件“6.14.jpg”，按【Ctrl+J】组合键复制背景图层，如图 6.164 所示。

Step02 添加“色彩平衡”命令，在打开的“属性”面板中设置参数，调整图像的色调，如图 6.165 所示。

图 6.164

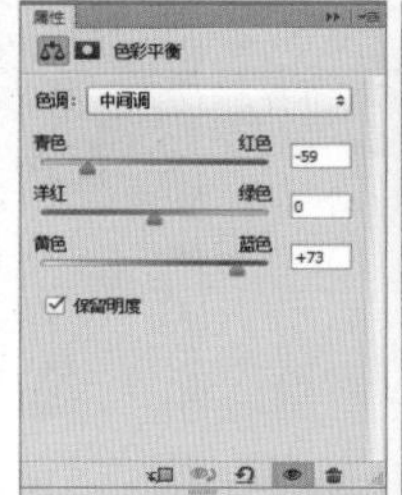

图 6.165

Step03 添加“亮度/对比度”命令，在打开的“属性”面板中设置参数，调整图像的亮度和对比度，如图 6.166 所示。

Step04 添加“可选颜色”命令，在打开的“属性”面板中设置红色、黄色和绿色参数，如图 6.167 所示。

图 6.166

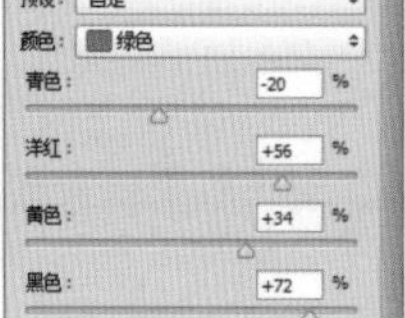

图 6.167

Step05 在“属性”面板中调整青色、蓝色、洋红参数，如图 6.168 所示。

Step06 在“属性”面板中设置白色、中性色、黑色参数，如图 6.169 所示。

Step07 添加“色相/饱和度”命令，在打开的“属性”面板中设置参数，调整图像的色相和饱和度，如图 6.170 所示。

图 6.168

图 6.169

图 6.170

Step08 按【Shift+Ctrl+Alt+E】组合键盖印图层，按【Ctrl+Alt+2】组合键载入图片亮光选区。按【Ctrl+U】组合键，在弹出的“色相/饱和度”对话框中调整图像的色调，如图 6.171 所示。

图 6.171

Step09 添加“曲线”命令，在打开的“属性”面板中调整曲线，调整图像的色调，如图 6.172 所示。

Step10 盖印图层，设置图层的混合模式为“滤色”，单击“图层”面板下方的“添加图层蒙版”按钮，选择黑色柔角画笔，在画面中树以外的区域涂抹，设置图层的“不透明度”为 50%，如图 6.173 所示。

图 6.172

图 6.173

Step 11 添加可选颜色。添加“可选颜色”命令，在打开的“属性”面板中设置参数，调整图像的色调，如图 6.174 所示。

图 6.174

Step 12 添加“可选颜色”命令，继续在打开的“属性”面板中设置参数，调整图像的色调，如图 6.175 所示。

Step 13 添加“黑白”命令，在打开的“属性”面板中设置参数，选择黑白蒙版，选择黑色柔角画笔，在画面中树区域涂抹，设置图层的混合模式为“柔光”，如图 6.176 所示。

图 6.175

图 6.176

Step 14 盖印图层，执行“滤镜→模糊→高斯模糊”命令，在弹出的“高斯模糊”对话框中设置参数，单击“确定”按钮。设置图层的混合模式为“柔光”，“不透明度”为 20%，最终效果如图 6.177 所示。

图 6.177

第7章 Photoshop 人像精修后期实战

人像修图不仅包含修皮肤，更是对图像光影的修整。要想修出好的照片，首先要学会看片子。所谓看片子，是指学会去发现画面中存在的问题，只有看到了其中存在的问题，才能有针对性地进行调整。这不仅仅是一个细心观察的过程，更重要的是修图师们认真思考的一个过程。一张图像的修调不仅包含对片子本身的理解与体会，更是通过对其进行调整，将修图师希望表达的情感很好地融入其中。本章将讲解人物修图的基本步骤。

7.1 双曲线修图技术

在人像摄影后期处理中，对于人物皮肤的修整除了用到高低频技术，还应该关注人物面部细节部分的处理，例如，如何才能使人物的眼神看起来更有光彩，以及唇色调整的必要性等。除此之外，发丝部分光影及层次感的加强也可以使发丝更有光泽感。总之，在人像修图中应该格外注重细节部分及画面层次感的处理，这样做会使画面看起来更加精致、丰富。

本节中的案例，首先将人物脸上的瑕疵进行修整，然后将人物亮度提亮，继续使用双曲线增强人物立体感。最后添加“色相/饱和度”图层对人物头发色调进行调整，本案例原图和最终效果如图 7.1 所示。

图 7.1

Step01 执行“文件→打开”命令，在弹出的对话框中打开“7.1.jpg”文件，接下来复制背景图层，按【Ctrl+J】组合键，复制背景图层，如图 7.2 所示。

图 7.2

Step02 将复制的背景图层名称修改为“瑕疵修整”。单击工具箱中的“修补工具”，在选项栏中设置为“源”，对人物面部的瑕疵部分进行框选，再将所选区域拖曳至与其相邻的完好的皮肤部分，效果如图 7.3 所示。使用同样的方法将脸部的其他斑点进行修补。

Step03 单击“图层”面板下方的“创建新的填充或调整图层”按钮，在打开的下拉列表中选择“曲线”选项，设置参数。将画面进行提亮，如图 7.4 所示。

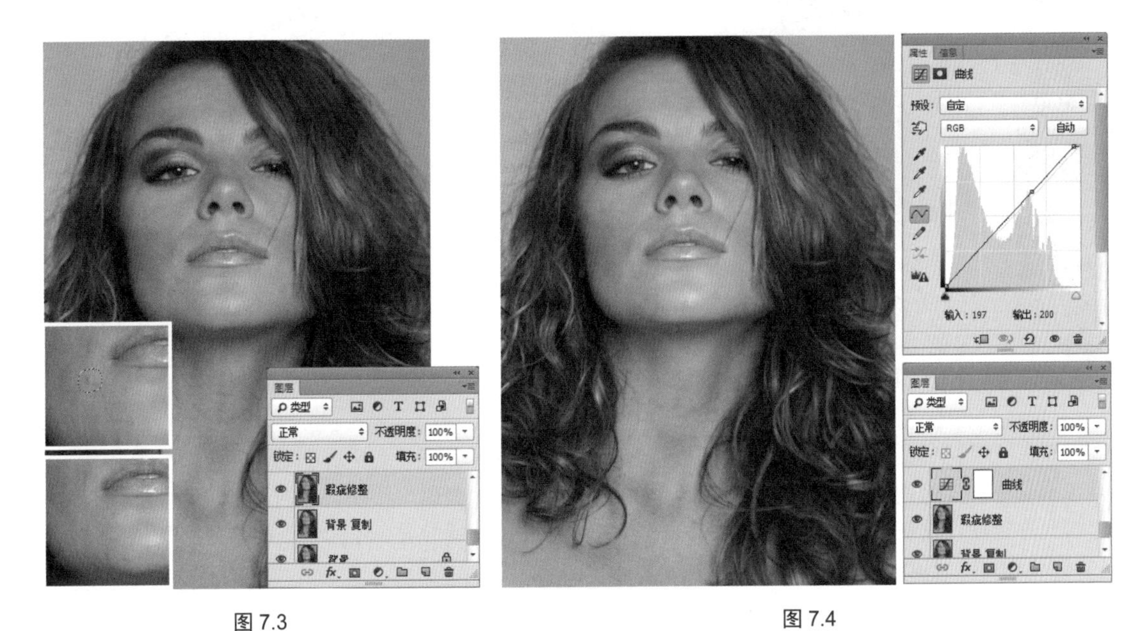

图 7.3　　　　图 7.4

Step04 将盖印的图层名称修改为“磨皮”。执行“滤镜→ Imagenomic → Protraiture”命令，在弹出的对话框中设置“Threshold”为 20，单击“确定”按钮，效果如图 7.5 所示。

Step05 在“图层”面板下方单击“创建新的填充或调整图层”按钮，在打开的下拉列表中选择“曲线”选项，设置曲线参数。选择“曲线”蒙版，按【Ctrl+I】组合键进行反向，利用白色柔角画笔，在人物脸部进行涂抹，将部分曲线效果进行显示，如图 7.6 所示。

图 7.5

图 7.6

Step06 使用上述同样的方法为其添加“曲线”图层，将画面整体提亮，如图 7.7 所示。

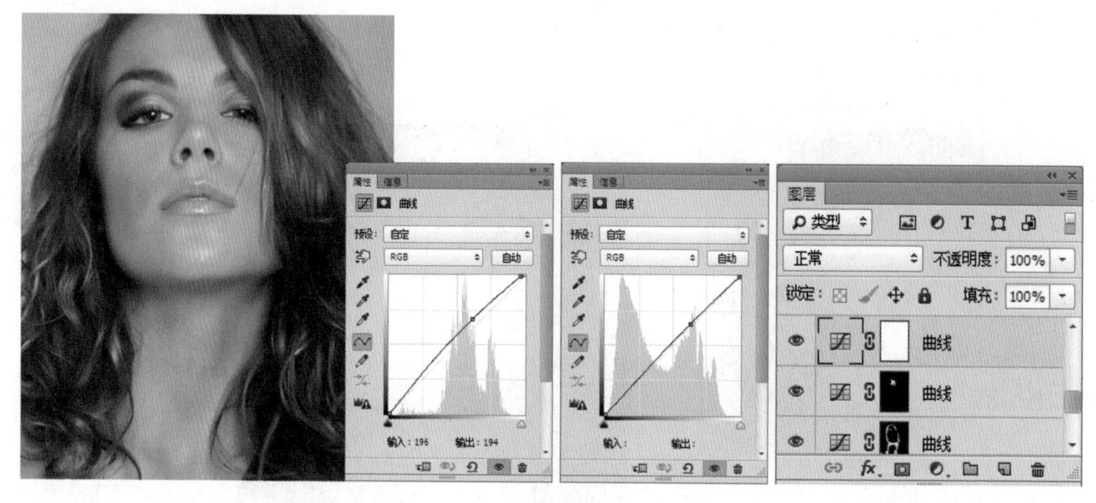

图 7.7

Step 07 在“图层”面板下方单击“创建新的填充或调整图层”按钮，在打开的下拉列表中选择“纯色”选项。设置颜色为纯黑色。在“图层”面板中将该图层的混合模式修改为“颜色”。观察黑白色调下的图像，如图 7.8 所示。

Step 08 添加一个“颜色填充”图层，将新添加的“颜色填充 2”图层的混合模式修改为“叠加”。在“图层”面板中将图层的“不透明度”调整为 28%，观察图像，如图 7.9 所示。

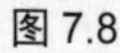

图 7.8

图 7.9

Step 09 在两个颜色填充图层之下创建“曲线”图层，设置曲线参数，将图像进行压暗。在进行调整时，注意观察图像的效果。选择“曲线”蒙版，按【Ctrl+I】组合键进行反向，利用白色柔角画笔，在图像上进行适当涂抹，将部分曲线效果进行显示，如图 7.10 所示。

Step 10 继续添加一个“曲线”图层，设置曲线参数，将图像进行提亮。在进行调整时，注意观察图像的效果。选择曲线蒙版，按【Ctrl+I】组合键进行反向，利用白色柔角画笔，在图像上进行适当涂抹，将部分曲线效果进行显示，如图 7.11 所示。

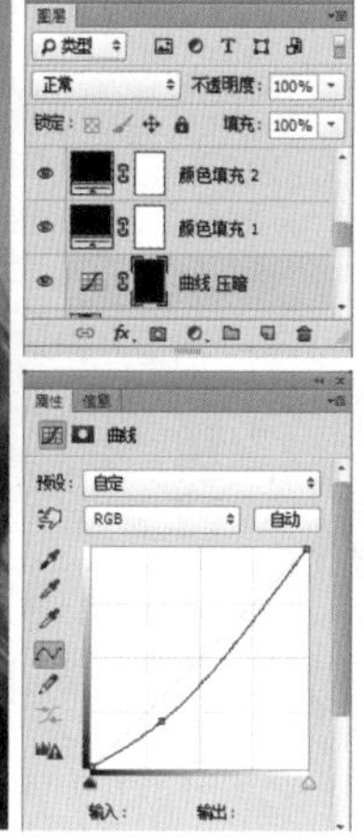

图 7.10

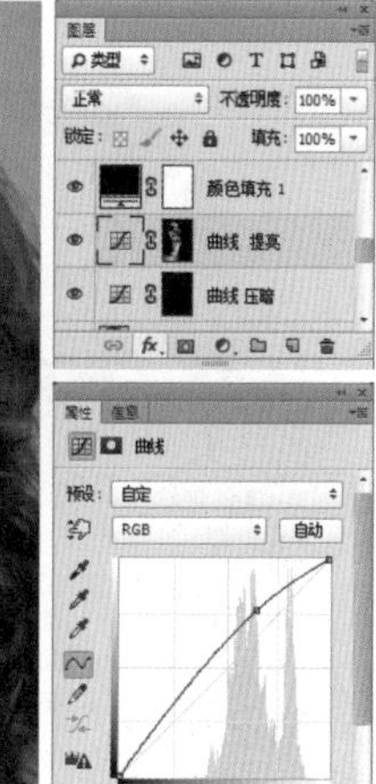

图 7.11

Step 11 盖印图层，将“颜色填充 1”图层与“颜色填充 2”图层进行隐藏。按【Ctrl+Shift+Alt+E】组合键，盖印可见图层，如图 7.12 所示。

Step 12 复制盖印图层，将复制的图层名称修改为“锐化”。执行“滤镜→锐化→ USM 锐化”命令，在弹出的“USM 锐化”对话框中设置锐化参数。单击“确定”按钮，使人物更加清晰，如图 7.13 所示。

Step 13 复制“锐化”图层，将复制的图层名称修改为“柔光”。在“图层”面板中将该图层的混合模式调整为“柔光”，将其颜色加深，如图 7.14 所示。

图 7.12

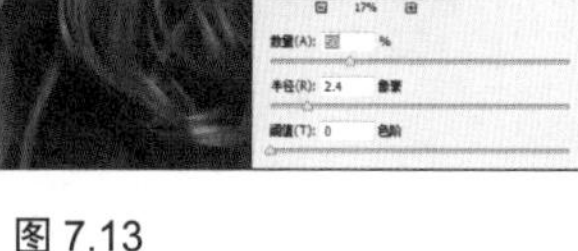

图 7.13

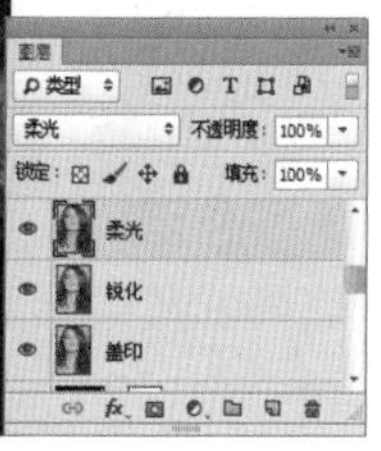

图 7.14

Step14 添加“色相/饱和度”图层，设置参数，对其色调进行调整，如图 7.15 所示。

图 7.15

Step15 锐化头发，盖印可见图层，将盖印的图层名称修改为“头发锐化”。执行“滤镜→锐化→ USM 锐化”命令，在弹出的“USM 锐化”对话框中设置锐化参数，单击“确定”按钮。单击“图层”面板下方的“添加图层蒙版”按钮，为其添加图层蒙版，利用黑色柔角画笔，在人物面部进行涂抹。将锐化效果隐藏，使锐化效果只作用于头发，如图 7.16 所示。

图 7.16

Step16 执行“图层→新建→图层”命令，在弹出的“新建图层”对话框中将名称修改为“中灰”，“模式”调整为“柔光”，选中“填充柔光中性色”复选框，单击“确定”按钮。利用黑色柔角画笔，降低画笔的不透明度，在人物脸的轮廓处进行涂抹，使其更具有立体感，如图 7.17 所示。

图 7.17

Step17 添加“曲线”图层，设置曲线参数，选择曲线蒙版，按【Ctrl+I】组合键将其反向，利用白色柔角画笔，在人物嘴部进行涂抹，将其效果进行显示，将嘴部色调进行调整。在“图层”面板中将该图层的“不透明度”调整为 76%，如图 7.18 所示。

图 7.18

Step18 添加“曲线”图层，设置曲线参数，选择曲线蒙版，按【Ctrl+I】组合键将其反向，利用白色柔角画笔，在金色头发处进行涂抹，将其效果进行显示，将头发色调进行调整，最终效果如图 7.19 所示。

图 7.19

7.2 中灰度修图技术

本节中的案例首先使用“液化”命令，将人物形体进行调整；然后利用“钢笔工具”对人物进行细致抠图；接下来使用“画笔工具”为人物添加阴影；最后添加“曲线”图层，将人物进行提亮，添加“中灰”图层结合“画笔工具”为人物增强立体感，本案例原图和最终效果如图 7.20 所示。

图 7.20

Step01 打开文件并复制背景图层。执行“文件→打开”命令，打开素材文件“7.2.jpg”，按【Ctrl+J】组合键，复制背景图层，如图 7.21 所示。

Step02 进行形体修整。盖印可见图层，将盖印的图层名称修改为“形体修整”。执行“滤镜→液化”命令，在弹出的对话框中使用“向前变形工具”对人物身体进行修整，单击“确定”按钮，如图 7.22 所示。

图 7.21

图 7.22

Step03 单击工具箱中的“钢笔工具”按钮，对人物进行抠图。新建一个“纯色背景”图层，设置前景色为白色。按【Alt+Delete】组合键为其填充颜色，将该图层放置到“人像抠图”图层下方，如图 7.23 所示。

Step04 在“人像抠图”图层下方新建一个“阴影”图层。单击工具箱中的“画笔工具”按钮，选择一个柔角画笔，设置颜色为肉色（R：119，G：80，B：68），在画面上进行适当涂抹，为人物绘制阴影。调整该图层的“不透明度”为 79%，如图 7.24 所示。

图 7.23

图 7.24

Step 05 复制“人像抠图”图层，将复制的图层名称修改为“提亮”，将该图层的混合模式修改为“滤色”，并为其添加一个反向蒙版，利用白色柔角画笔在画面上进行涂抹，将效果进行显示，如图 7.25 所示。

Step 06 单击“图层”面板下方的“创建新的填充或调整图层”按钮，在打开的下拉列表中选择“曲线”选项，设置参数。选择“曲线”蒙版，按【Ctrl+I】组合键进行反向，利用白色柔角画笔，在人物腿部进行涂抹，将曲线效果显示，如图 7.26 所示。

图 7.25

图 7.26

Step 07 按【Ctrl+Shift+Alt+E】组合键盖印可见图层，如图 7.27 所示。

Step 08 执行“图层→新建→图层”命令，在弹出的“新建图层”对话框中将名称修改为“中灰”，将混合模式修改为“柔光”，选择“填充柔光中性色”复选框，单击“确定”按钮。利用黑色柔角画笔工具，降低画笔的不透明度，在画面上进行涂抹，使人物更加立体，如图 7.28 所示。

图 7.27

图 7.28

Step 09 添加“曲线”图层，设置参数，将画面整体进行提亮，最终效果如图 7.29 所示。

图 7.29

7.3 低频磨皮技术

所谓低频，其最基本的原理就是在保持人物皮肤轮廓和细节层次的基础上，通过滤镜中的高斯模糊使人物的皮肤看起来更加光滑。这样就能在保持皮肤质感的基础上起到非常好的美肤作用。

在男士修图中，应该注意面部轮廓的修调及图像整体色调的处理。在本案例中，通过观察可以发现以下几点问题，首先画面背景不够干净，如果希望整体画面呈现出整洁、精致的感觉，背景的处理是十分关键的一步。此外，人物肤色偏红且局部阴影过重，这也是一个需要注意调整的地方。细心的读者可能会发现栏杆的穿帮会让整体画面看起来非常别扭，因此还要对栏杆进行修整。处理完上述问题之后再进行人物面部光影的修调和整体色调的调整，在男士修图中可以适当降低图像的饱和度，使片子看起来更加干净，本案例原图和最终效果如图 7.30 所示。

图 7.30

Step01 按【Ctrl+O】组合键打开素材文件“7.3.jpg”，如图 7.31 所示。

Step02 按【Ctrl+J】组合键，复制背景图层，得到“背景 复制”图层，如图 7.32 所示。

Step03 按【Ctrl+Alt+2】组合键，对图像中的亮部区域进行选区，按【Ctrl+I】组合键，对所选区域进行反向操作。按【Ctrl+J】组合键，对所选区域进行复制，将复制的图层命名为“暗部”，如图 7.33 所示。

Step04 单击“图层”面板下方的“创建新的填充或调整图层”按钮 ，在打开的下拉列表中选择“曲线”选项，对其参数进行设置，执行“图层→创建剪贴蒙版”命令，将所选图层置入目标图层中。效果如图 7.34 所示。

图 7.31

图 7.32

图 7.33

图 7.34

Step05 单击“图层”面板下方的“创建新的填充或调整图层”按钮 ，在打开的下拉列表中选择“色相/饱和度”选项，对其参数进行设置，如图 7.35 所示。

Step06 按【Ctrl+Shift+Alt+E】组合键盖印可见图层，得到“盖印栏杆修整”图层。单击工具箱中的“修补工具”按钮 ，对图像中的瑕疵部分进行修整，如图 7.36 所示。

Step07 按【Ctrl+J】组合键对图层进行复制，将复制图层命名为“液化”图层。执行“滤镜→液化”命令，在弹出的“液化”对话框中对画笔大小及画笔压力进行设置，单击“确定”按钮，对图像中的人物衣服部分等进行液化处理，如图 7.37 所示。

图 7.35

图 7.36　　　　图 7.37

Step08 单击“图层”面板下方的“创建新的填充或调整图层”按钮，在打开的下拉列表中选择“纯色”选项，在弹出的“拾色器（纯色）”对话框中将参数分别设置为 R:0，G:0，B:0，单击“确定”按钮，在“图层”面板中生成“颜色填充 1”图层。在“图层”面板中设置该图层的混合模式为“颜色”，“不透明度”为 100%，如图 7.38 所示。

Step09 单击“图层”面板下方的“创建新的填充或调整图层”按钮，在打开的下拉列表中选择“纯色”选项，在弹出的“拾色器（纯色）”对话框中将参数分别设置为 R:0，G:0，B:0，单击“确定”按钮。在“图层”面板中生成“颜色填充 2”图层。在“图层”面板中设置该图层的混合模式为“叠加”，“不透明度”为 33%，如图 7.39 所示。

图 7.38　　　　图 7.39

Step10 在“液化”图层上新建一个调整图层，并命名为“提亮”图层。具体操作是单击“图层”面板下方的“创建新的填充或调整图层”按钮，在打开的下拉列表中选择“曲线”选项，设置参数。单击“提亮”图层中的“图层蒙版”缩览图，按【Ctrl+I】组合键将蒙版进行反向操作，如图 7.40 所示。

Step 11 在“提亮”图层上新建一个调整图层，并命名为“压暗”图层。具体操作是单击“图层”面板下方的“创建新的填充或调整图层”按钮 ，在打开的下拉列表中选择“曲线”选项，设置参数。单击“提亮”图层中的“图层蒙版”缩览图，按【Ctrl+I】组合键将蒙版进行反向操作，如图 7.41 所示。

图 7.40　　图 7.41

Step 12 单击工具箱中的“画笔工具” 按钮，通过擦除“提亮”和“压暗”图层蒙版的方式，对图像中阴影过重的地方和高光过亮的部分进行擦拭，以此达到从亮部到暗部光影过渡柔和自然的目的，效果如图 7.42 所示。

Step 13 分别隐藏“颜色填充 1”和“颜色填充 2”图层，然后在“压暗”图层上按【Ctrl+Shift+Alt+E】组合键盖印可见图层，得到“盖印　瑕疵修整”图层。将“盖印”图层调整到“颜色填充 2”图层上方。单击工具箱中的“修补工具”按钮 ，对图像中的瑕疵部分进行修整，效果如图 7.43 所示。

图 7.42　　图 7.43

Step14 单击“图层”面板下方的“创建新的填充或调整图层”按钮，在打开的下拉列表中选择“色相/饱和度”选项，设置参数。单击“图层”面板下方的“添加图层蒙版”按钮，添加图层蒙版。单击工具箱中的“画笔工具”按钮，擦除图像中不需要作用的部分，效果如图 7.44 所示。

图 7.44

Step15 单击“图层”面板下方的“创建新的填充或调整图层”按钮，在打开的下拉列表中选择“曲线”选项，设置参数。单击“图层”面板下方的“添加图层蒙版”按钮，添加图层蒙版。单击工具箱中的“画笔工具”按钮，擦除图像中不需要作用的部分，效果如图 7.45 所示。

图 7.45

Step16 单击“图层”面板下方的“创建新的填充或调整图层”按钮 ，在打开的下拉列表中选择“渐变映射”选项，选择黑白渐变。单击工具箱中的“画笔工具”按钮 ，擦除图像中不需要作用的部分。在“图层”面板中设置图层混合模式为“柔光”，“不透明度”为 72%，效果如图 7.46 所示。

Step17 单击“图层”面板下方的“创建新的填充或调整图层”按钮 ，在打开的下拉列表中选择“曲线”选项，对其参数进行设置。按【Ctrl+I】组合键对曲线蒙版进行反向操作，单击工具箱中的“画笔工具” 按钮，擦出图像中需要作用的部分，效果如图 7.47 所示。

图 7.46　　　　图 7.47

Step18 按【Ctrl+Shift+Alt+E】组合键盖印可见图层，得到“盖印”图层。按【Ctrl+J】组合键复制图层，将复制的图层命名为“高低频 磨皮”图层。按【Ctrl+I】组合键对图像进行反向操作，在“图层”面板中将图层的混合模式修改为“线性光”。执行“滤镜→其他→高反差保留”命令，在弹出的“高反差保留”对话框中对其参数进行设置。继续执行“滤镜→模糊→高斯模糊”命令，在弹出的“高斯模糊”对话框中对其参数进行设置。按住【Alt】键的同时单击“图层”面板下方的“添加图层蒙版”按钮 ，添加反向图层蒙版。单击工具箱中的“画笔工具”按钮 ，擦出图像中需要作用的部分。在“图层”面板中将该图层的“不透明度”修改为 57%，效果如图 7.48 所示。

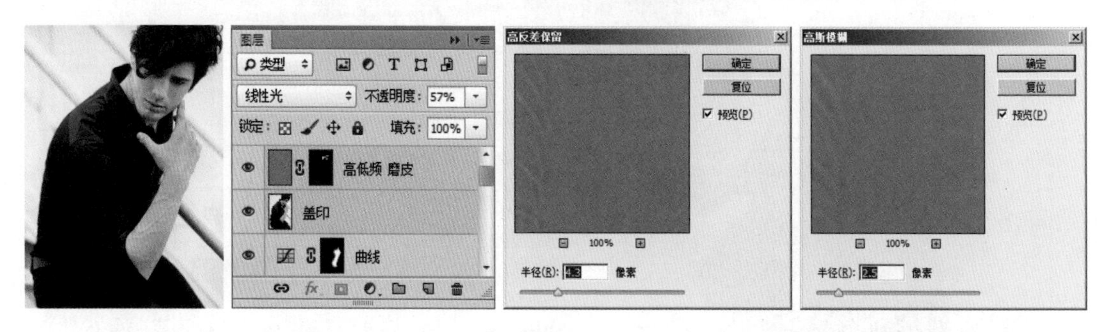

图 7.48

Step19 单击工具箱中的“文字工具” 按钮，在画面中绘制文本框输入对应的文字。执行“窗口→字符”命令，在打开的“字符”面板中设置文字参数，效果如图 7.49 所示。

Step20 按【Ctrl+Shift+Alt+E】组合键盖印可见图层，得到“盖印”图层。单击工具箱中的“魔棒工具”按钮 ，设置“容差”值为 35，对图像中衣服的暗部区域进行点选。执行“选择→修改→羽化”命令，在弹出的“羽化选区”对话框中对羽化参数进行设置后单击“确定”按钮。按【Ctrl+J】组合键对所选区域进行复制，将复制的图层命名为“衣服暗部提亮”。在“图层”面板中设置图层混合模式为“滤色”，“不透明度”为 33%，最终效果如图 7.50 所示。

图 7.49　　图 7.50

7.4 女士面部皮肤精修技术

观察原图可以发现，原图比较暗淡，人物的五官不够立体。本节中的案例首先对人物脸部的瑕疵进行修整，然后对人物皮肤进行磨皮，使皮肤更加细腻，最后将人物脸部的光影进行重新塑造，使人物五官更加立体，本案例原图和最终效果如图 7.51 所示。

图 7.51

Step01 打开文件并复制背景图层。执行“文件→打开”命令，打开素材文件“7.4.jpg”，按【Ctrl+J】组合键，复制背景图层，如图 7.52 所示。

Step02 将复制的背景图层名称修改为“瑕疵修整”。单击工具箱中的“修补工具”，在选项栏中设置为“源”，对人物面部的瑕疵部分进行框选，再将所选区域拖曳至与其相邻的完好的皮肤部分，效果如图 7.53 所示。使用同样的方法将脸上的其他斑点进行修补。

Step03 复制“瑕疵修整”图层，将复制的图层名称修改为“轻微磨皮”。执行“滤镜→Imagenomic→Portraiture”命令，在弹出的对话框中设置“Threshold”为 15，单击 OK 按钮，效果如图 7.54 所示。

图 7.52

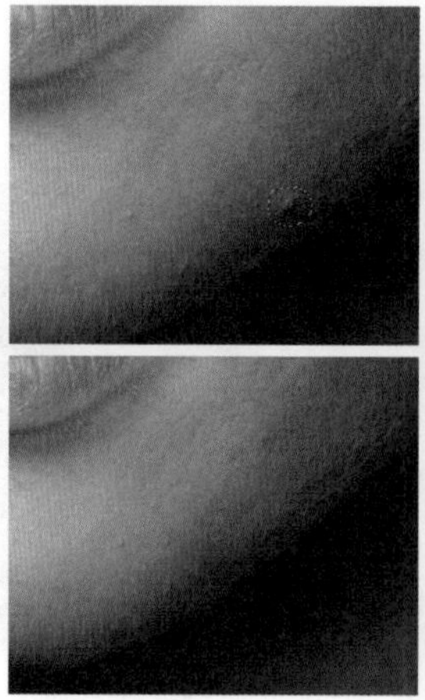

图 7.53

图 7.54

Step04 盖印可见图层，将盖印的图层名称修改为“锐化”。执行“滤镜→锐化→ USM 锐化”命令，在弹出的“USM 锐化对话框”中设置锐化参数，单击“确定”按钮，使人物更加清晰，如图 7.55 所示。

Step05 选择“锐化”图层，在“图层”面板中将该图层的“不透明度”调整为“70%”。效果如图 7.56 所示。

Step06 盖印可见图层，将盖印的图层名称修改为“颜色减淡”，单击工具箱中的“减淡工具”，在选项栏中将曝光度降低，在脸部阴影部分进行涂抹，使人物的五官更具有立体感，如图 7.57 所示。

Step07 将“颜色减淡”图层进行复制，将复制的图层名称修改为“细节瑕疵修整”，使用“修补工具”对人物脸部细小的瑕疵进行修整，如图 7.58 所示。

图 7.55

图 7.56

图 7.57

图 7.58

Step08 盖印可见图层，将盖印的图层名称修改为“光影塑造”，使用“加深工具”与“减淡工具”，在人物面部上进行涂抹，将人物面部光影进行重新塑造，使人物看起来更加立体，最终效果如图 7.59 所示。

图 7.59

7.5 氛围照片精修技术

在处理家庭照片时，应该以温馨、温暖的色调来呈现画面。同时要注意保留照片的真实感，不可调整得太过，使照片失去原有的感觉，下面就详细讲解如何处理这类照片。

本节中的案例首先分别将人物的亮部与暗部提亮；然后将画布上的瑕疵进行修整；最后对人物的头发、树叶、红色果子等饰物调整色调，使画面整体颜色更加鲜艳。本案例原图和最终效果如图 7.60 所示。

原 图

图 7.60

Step01 执行“文件→打开”命令，在弹出的“打开”对话框中选择“7.5.jpg”文件，将其拖曳到画面之上并调整位置。按【Ctrl+J】组合键对背景图层进行复制并将复制的图层名称修改为“背景 复制”图层。效果如图 7.61 所示。

Step02 单击“图层”面板下方的“创建新的填充或调整图层”按钮，在打开的下拉列表中选择“曲线”选项，对其参数进行设置，再用画笔擦除画面中该曲线不需要作用的部分即可，效果如图 7.62 所示。

图 7.61

图 7.62

Step03 单击“图层”面板下方的“创建新的填充或调整图层”按钮，在打开的下拉列表中选择“曲线”选项，对其参数进行设置，再用画笔擦除画面中该曲线不需要作用的部分即可，效果如图 7.63 所示。

Step04 复制图层并命名为“去色”，按【Ctrl+Shift+U】组合键进行去色处理，在“图层”面板中将该图层的“不透明度”调整为 23%。再添加蒙版并用画笔工具擦除地面以外的部分即可，效果如图 7.64 所示。

图 7.63

图 7.64

Step05 对可见图层进行盖印，以便接下来进行色调调整。按【Ctrl+Shift+Alt+E】组合键盖印可见图层，得到“盖印”图层，效果如图 7.65 所示。

Step06 单击“图层”面板下方的“创建新的填充或调整图层”按钮 ，在打开的下拉列表中选择“曲线”选项，对其参数进行设置，再用画笔擦除画面中该曲线不需要作用的部分即可，效果如图 7.66 所示。

图 7.65　　图 7.66

Step07 单击“图层”面板下方的“创建新的填充或调整图层”按钮 ，在打开的下拉列表中选择“色彩平衡”选项，对其参数进行设置，再用画笔擦除画面中该曲线不需要作用的部分即可，效果如图 7.67 所示。

Step08 执行“滤镜→锐化→ USM 锐化”命令，在弹出的“USM 锐化”对话框中对其参数进行设置，单击“确定”按钮，效果如图 7.68 所示。

图 7.67　　图 7.68

Step09 压暗四周。单击“图层”面板下方的“创建新的填充或调整图层”按钮，在打开的下拉列表中选择“曲线”选项，对其参数进行设置，再用画笔擦除画面中该曲线不需要作用的部分即可，效果如图 7.69 所示。

Step10 单击“图层”面板下方的“创建新的填充或调整图层”按钮，在打开的下拉列表中选择“色阶”选项，对其参数进行设置，然后用画笔擦除画面中该曲线不需要作用的部分即可，再将该图层的“不透明度”调整为 67%。效果如图 7.70 所示。

图 7.69　　图 7.70

Step11 单击“图层”面板下方的“创建新的填充或调整图层”按钮，在打开的下拉列表中选择“可选颜色”选项，对其参数进行设置，效果如图 7.71 所示。

Step12 再次压暗四周环境。单击“图层”面板下方的“创建新的填充或调整图层”按钮，在打开的下拉列表中选择“曲线”选项，对其参数进行设置，再用画笔擦除画面中该曲线不需要作用的部分即可，效果如图 7.72 所示。

Step 13 对可见图层进行盖印，以便接下来进行色调的调整。按下快捷键 Ctrl+Shift+Alt+E 盖印可见图层，得到“盖印”图层。效果如图 7.73 所示。

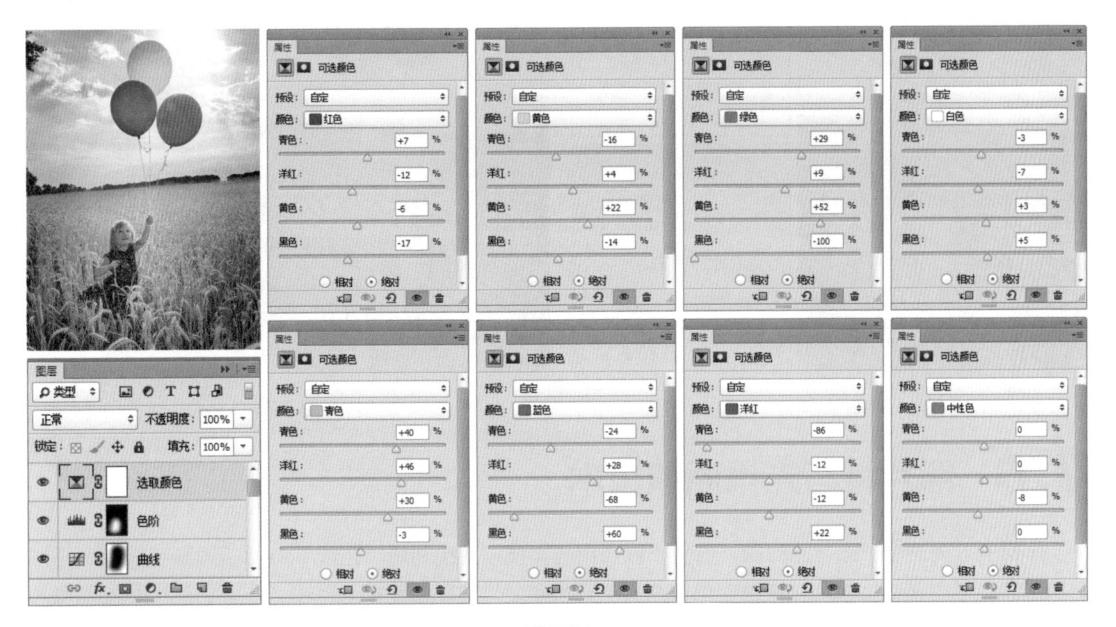

图 7.71

图 7.72　　　　图 7.73

Step 14 复制图层并命名为“模糊 柔光”图层，对该图层进行高斯模糊处理后再将其图层的混合模式更改为“柔光”，“不透明度”为 66%，效果如图 7.74 所示。

Step 15 单击“图层”面板下方的“创建新的填充或调整图层”按钮 ，在打开的下拉列表中选择“亮度 / 对比度”选项，对其参数进行设置，最终效果如图 7.75 所示。

图 7.74　　图 7.75

7.6 照片特写光晕添加技术

本案例首先改变了图像的构图，修复了画面中的瑕疵；其次利用“色阶”“曲线”“渐变映射”等调整图层命令对图像的色调进行调整；最后利用“镜头光晕”命令制作阳光效果。本案例原图和最终效果如图 7.76 所示。

图 7.76

Step01 打开文件并复制背景图层。执行“文件→打开”命令，打开素材文件“7.6.jpg”。按【Ctrl+J】组合键，复制“背景”图层，得到“背景 复制”图层，如图 7.77 所示。

Step02 重新调整构图。再次复制背景，将图像向右移动，将图中的人物移动到画布中央，单击工具栏中的“矩形选框工具”按钮，在画面上绘制矩形选区，按【Ctrl+T】组合键，将选区向左自由变换，按【Enter】键确认，如图 7.78 所示。

图 7.77

Step03 复制“构图”图层，单击工具栏中的“修补工具”按钮，在画面中框选瑕疵部位，载入选区，将选区拖曳至相邻的无瑕疵处完成修复。利用相同的方法修复图像中的所有瑕疵，如图 7.79 所示。

图 7.78　　　　　　　　　　图 7.79

Step04 复制“瑕疵修整”图层，执行“滤镜→液化”命令，弹出“液化”对话框，单击工具栏中的“向前变形工具”按钮，调整笔触参数，在画面中调整图像中人物的发型，如图 7.80 所示。

图 7.80

Step05 盖印图层，按【Ctrl+L】组合键，在弹出的“色阶”对话框中设置参数，单击“确定”按钮，增加图像的对比度，如图 7.81 所示。

图 7.81

Step06 单击“图层”面板下方的“创建新的填充或调整图层”按钮，在打开的下拉列表中选择“曲线”选项，在打开的“属性”面板中调整曲线，调整图像色调，如图 7.82 所示。

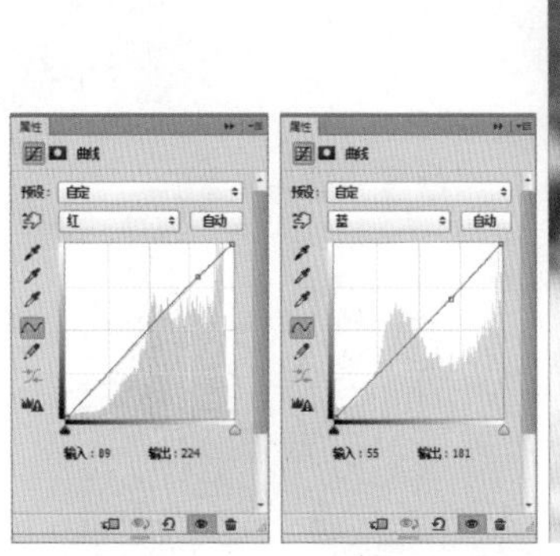

图 7.82

Step07 按【Shift+Ctrl+Alt+E】组合键盖印图层，单击工具栏中的“减淡工具”，在选项栏中设置强度，在画面中人物脸部的红色区域涂抹，减淡红色，如图 7.83 所示。

Step08 盖印图层，选择“加深工具”，在图像中的背景、人物头发及眉毛处涂抹，加深颜色，如图 7.84 所示。

图 7.83

图 7.84

Step09 单击“图层”面板下方的“添加新的填充或调整图层”按钮，在打开的下拉列表中选择“渐变映射”选项，设置渐变色，设置图层的混合模式为“柔光”，“不透明度”为 31%，加深图像颜色，如图 7.85 所示。

Step10 盖印图层，单击“图层”面板下方的“添加新的填充或调整图层”按钮，在打开的下拉列表中选择“照片滤镜”选项，在打开的“属性”面板中设置参数，为图像添加颜色，如图 7.86 所示。

图 7.85

图 7.86

Step 11 复制“渐变映射”图层，将图层移动到“照片滤镜”图层上方，得到“渐变映射 拷贝”图层，再次复制“渐变映射 拷贝”图层，设置“不透明度”为 43%，如图 7.87 所示。

Step 12 新建图层，为图层填充黑色，设置图层的混合模式为“滤色”。执行“滤镜→渲染→镜头光晕”命令，在弹出的“镜头光晕”对话框中设置参数，单击“确定”按钮，如图 7.88 所示。

图 7.87

Step 13 执行“滤镜→模糊→高斯模糊”命令，在弹出的“高斯模糊”对话框中设置参数，单击“确定”按钮，如图 7.89 所示。

图 7.88

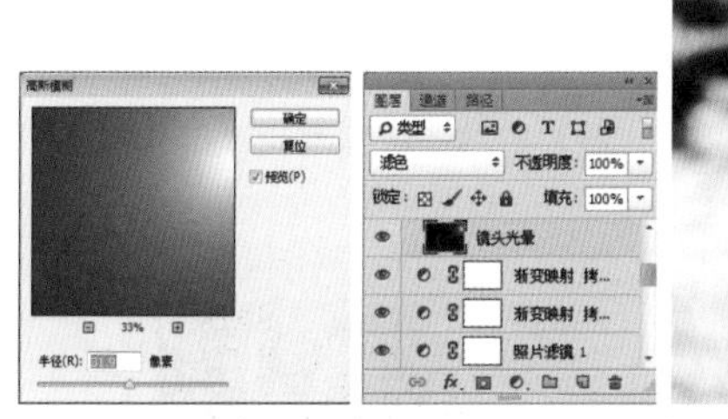

图 7.89

Step 14 将“镜头光晕”图层连续复制 3 次，加强光晕效果。盖印图层，单击工具栏中的“减淡工具”和“加深工具”按钮，在画面中进行涂抹，最终效果如图 7.90 所示。

图 7.90

第 8 章
Camera Raw 摄影后期实战

本章将使用 Camera Raw 配合 Photoshop 进行调色和照片润饰实战演练。在本章中将学到如何调整照片白平衡、如何添加色调、如何调整局部残缺，以及如何处理整体效果等。

8.1 调整照片的白平衡

使用 JPEG 格式拍摄时，需要特别注意白平衡的设置，因为通过后期调整，会对照片的质量造成损失。如果拍摄时采用 RAW 格式，就可以不必太多考虑白平衡问题，因为 Camera Raw 可以改变白平衡，而不会影响照片的质量。本案例原图和最终效果如图 8.1 所示。

图 8.1

Step 01 按【Ctrl+O】组合键，打开“8.1.CR2”文件，如图 8.2 所示。

Step 02 可以看到这张照片的色调稍微偏冷。选择白平衡工具，在图像上找到一处中性色（白色或灰色）的区域并单击，Camera Raw 可以确定拍摄场景的光线颜色，然后自动调整场景光照，如图 8.3 所示。

图 8.2

图 8.3

Step 03 此时人物皮肤的颜色已经不再偏蓝了，适当拖动“曝光度”滑块，将画面调亮，如图 8.4 所示。

Step 04 单击对话框左下角的“存储图像”按钮，将修改后的照片保存为“数字负片”DNG 格式，如图 8.5 所示。

图 8.4

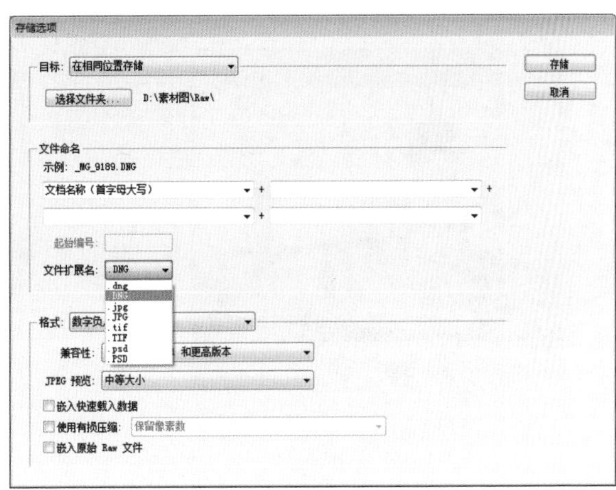

图 8.5

黑色：指定哪些输入色阶将在最终图像中映射为黑色。增加“黑色”可以扩展映射为黑色区域，使图像的对比度看起来更高。它主要影响阴影区域，对中间调和高光区域影响较小。

清晰度：可以调整图像的清晰度。

自然饱和度：可以调整饱和度，并在颜色接近最大饱和度时减少溢色。该设置将更改所有低饱和度颜色的饱和度，对高饱和度颜色的影响较小。类似于 Photoshop 中的“自然饱和度”命令。

饱和度：可以均匀地调整所有颜色的饱和度，调整范围从 -100（单色）到 +100（饱和度加倍）。该命令类似于 Photoshop 中的“色相/饱和度”命令中的饱和度功能。

8.2 调整照片的清晰度和饱和度

可以通过调整照片的清晰度和饱和度使照片的色调变得更加鲜亮、明快。通过调整照片的色温和色调，将照片调整为合适的颜色。本案例原图和最终效果如图 8.6 所示。

图 8.6

Step01 执行“文件→打开为”命令，选择打开文件“8.2.jpg”，在“打开为”下拉列表中选择“Camera Raw”选项，单击“打开”按钮打开照片，如图 8.7 所示。

Step02 调整“色温”和“色调”，使照片倾向蓝绿色；增加“高光”“清晰度”“自然饱和度”参数，使照片的色调更加鲜亮、明快，如图 8.8 所示。

图 8.7

图 8.8

8.3 为黑白照片着色

在 Camera Raw 中，使用分离色调选项卡中的选项可以为黑白照片或灰度图像着色，不仅可以为整幅照片添加一种颜色，还可以对高光和阴影应用不同的颜色，从而创建分离色调效果。本案例原图和最终效果如图 8.9 所示。

图 8.9

Step01 用 Camera Raw 打开“8.3.jpg”文件。单击“分离色调”选项卡，显示色调调整选项，如图 8.10 所示。

Step02 如果“饱和度”参数为 0%，则调整“色相”参数是看不出效果的。可以按住【Alt】键并拖动“色相”滑块，此时显示的是饱和度为 100% 的彩色图像，确定“色相”参数后，松开【Alt】键，再对“饱和度”参数进行调整，如图 8.11 所示。

图 8.10

图 8.11

8.4 在 Camera Raw 中添加效果

在 Camera Raw 中，效果选项卡 中的选项可以为照片添加效果。可以为整个图像的边缘添加效果，产生朦胧的泛白效果，本例效果如图 8.12 所示。

图 8.12

Step01 用 Camera Raw 打开“8.4.jpg”文件，单击效果选项卡 按钮，显示选项，如图 8.13 所示。

Step02 设置“颗粒”值为 55，为照片添加颗粒效果，设置“大小”为 0，再调整“晕影”的数量、中点和圆度，使照片边缘产生朦胧的泛白效果，“粗糙度”与“羽化”参数则是在应用了颗粒与晕影后系统自动生成的默认参数，如图 8.14 所示。

图 8.13

图 8.14

8.5 修饰照片中的斑点

利用去除工具 ，可以去除人物脸上的色斑、痘痘等不美观的瑕疵。去除瑕疵后人物的面部皮肤将变得更加细腻美观，本例效果如图 8.15 所示。

图 8.15

Step 01 执行“文件→打开”命令，打开“8.1.CR2”文件，如图 8.16 所示。

Step 02 将视图比例放大。选择点去除工具按钮，将光标放在需要修饰的斑点上并单击，用红白相间的圆将斑点选中，松开鼠标，在它旁边会出现一个绿白相间的圆，Camera Raw 就会自动在斑点附近选择一处图像来修复选中的斑点。如果斑点较小，可以将选框调小，也可以移动它们的位置。祛斑后的效果如图 8.17 所示。

图 8.16

图 8.17

8.6 使用调整画笔修改局部曝光

使用调整画笔工具时，先在图像上绘制需要调整的区域，通过蒙版将这些区域覆盖，然后隐藏蒙版，再调整所需区域的色调、饱和度和锐化程度，本案例原图和最终效果如图 8.18 所示。

图 8.18

Step 01 用 Camera Raw 打开“8.6.jpg”文件。从照片中可以看出人物面部曝光不足，显得非常暗，五官也看不清楚。选择调整画笔工具，对话框右侧会显示“调整画笔”选项卡，选择“显示蒙版”选项如图 8.19 所示。

Step 02 将光标放在画面中，光标会变成如图 8.20 所示的状态，十字线代表了画笔中心，实圆代表了画笔的大小，黑白虚圆代表了羽化范围。在人物面部单击并拖动鼠标绘制调整区域，如图 8.21 所示，如果涂抹到了其他区域，可按【Alt】键在这些区域上绘制，将其清除掉。可以看到，涂抹区域被覆盖了一层淡淡的灰色，在单击处显示出一个图钉的图标。取消“显示蒙版”选项的选择或按【Y】键，隐藏蒙版，如图 8.22 所示。

Step 03 现在可以对人物进行调整了。向右拖动“曝光度”滑块，可以看到使用调整画笔工具涂抹的区域的图像被调亮了（即蒙版覆盖的区域），其他图像没有受到影响，如图 8.23 所示。

图 8.19

图 8.20

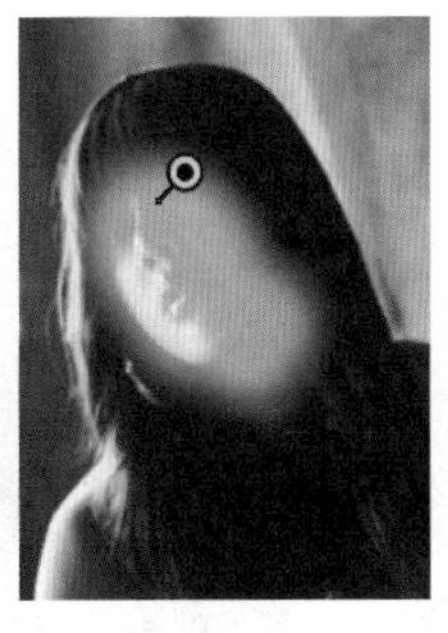
图 8.21

图 8.22

图 8.23

8.7 制作夕阳下的剪影

在 Camera Raw 中，调整照片的色温使其变成暖色调，再到滤镜中调整画面的照片效果，本案例原图和最终效果如图 8.24 所示。

图 8.24

Step01 执行“文件→打开”命令或按【Ctrl+O】组合键，在弹出的“打开”对话框中选择需要打开的素材文件“8.7.CR2”，将其打开，如图 8.25 所示。

Step02 在图像右侧的列表框中选择“基本”选项，在其下面的面板中设置参数，改变画面的色温，将画面色调调整为夕阳下的暖色调效果，如图 8.26 所示。

图 8.25

图 8.26

Step03 继续调整照片曝光，降低曝光度，使画面变暗，如图 8.27 所示。

Step04 调整照片的“对比度”“高光”“白色”等参数，增强照片的明暗对比，调出人物剪影效果，如图 8.28 所示。

图 8.27

图 8.28

Step05 单击“打开图像”按钮，将在 Photoshop 中打开该图像，拖曳“背景”图层至“图层”面板下方的“创建新图层”按钮上，得到“背景 副本”图层，如图 8.29 所示。

Step06 单击“图层”面板下方的“创建新的填充或调整图层”按钮，在打开的下拉列表中选择“曲线”选项，在打开的“曲线”面板中调节参数，增加画面对比度，如图 8.30 所示。

图 8.29

Step07 单击“图层”面板下方的“创建新的填充或调整图层”按钮，在打开的下拉列表中选择“照片滤镜”选项，在弹出的“照片滤镜”对话框中选择加温滤镜（85），调节“浓度”参数，增加画面的意境感，如图 8.31 所示。

图 8.30

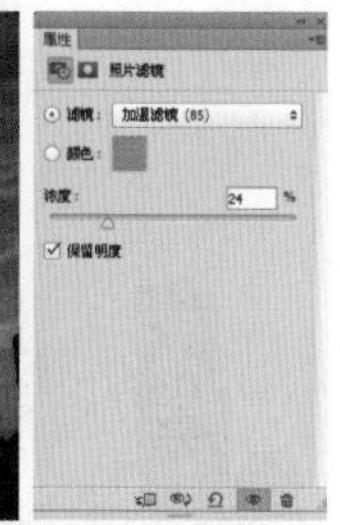

图 8.31

第9章 Lightroom Classic 人文摄影后期实战

本章通过使用 LR 的修改照片功能，修饰各种不同类型的照片，调整出让人意想不到的效果。内容包括自然风光、城市人文摄影、弱光慢门摄影、旅行摄影、与 Photoshop 结合处理照片等，通过学习这些案例的实际修整操作，熟练地掌握各种不同的照片润饰技巧。

9.1 格尔丹风景调色

本案例的后期处理思路为：首先在 LR 中对图像的天空和地面部分分别进行处理；再将其以分层的形式转入 Photoshop 软件中进行拼合，以求达到较为完美的视觉效果；最终再对合成图像的光影进行适度调整即可。了解了大致思路后，相信读者会对后期的修调有一个更为直观的认识。

原图整体的曝光基本准确，只是在色调及光影上还不到位，以至于画面主体不够突出，整体厚度远远不够。因此在后期处理时除了将地面和天空分成两部分处理外，还将侧重点放在了画面质感的增强和意境的渲染上。通过前后效果的对比可以发现，调整后地面的沙土质感更加浓重，且天空部分的层次感及厚重感增强了，本案例原图和最终效果如图 9.1 所示。

图 9.1

Step01 在“图库”模块中，执行“文件→导入照片和视频”命令，导入照片“9.1.jpg”原始文件，如图 9.2 所示。

Step02 适当增加曝光度，使画面整体亮起来。展开“色调”面板，选择“曝光度”选项，通过移动该选项上的滑块对图像的亮度进行调节。具体参数如图 9.3 所示。

Step03 使画面更加立体。展开“色调”面板，选择“对比度”选项，通过移动该选项上的滑块对图像的对比度进行调节。具体参数如图 9.4 所示。

Lightroom Catalog1 - Adobe Photoshop Lightroom Classic
图库
修改照片
Web
文件(F)
编辑(E)
图库(L)
照片(P)
元数据(M)
新建目录(N)...
打开目录(O)... Ctrl+O
打开最近使用的目录(R)
优化目录(V)...
导入照片和视频(I)... Ctrl+Shift+I
从另一个目录导入(I)...
联机拍摄
自动导入(A)
导出(E)... Ctrl+Shift+E
使用上次设置导出(W) Ctrl+Alt+Shift+E
使用预设导出
导出为目录(L)...
通过电子邮件发送照片... Ctrl+Shift+M
增效工具管理器... Ctrl+Alt+Shift+,
增效工具额外信息(S)
显示快捷收藏夹(Q) Ctrl+B
存储快捷收藏夹(V)... Ctrl+Alt+B
清除快捷收藏夹(U) Ctrl+Shift+B
将快捷收藏夹设为目标(T) Ctrl+Shift+Alt+B
图库过滤器(F)
打印机(P)... Ctrl+P
页面设置(G)... Ctrl+Shift+P
退出(X) Ctrl+Q

图 9.2

图 9.3

图 9.4

Step04 提升高光部分的亮度，使地面的层次更好地显现出来。展开“色调”面板，选择“高光”选项，通过移动该选项上的滑块对图像的高光区域进行调节。具体参数如图 9.5 所示。

图 9.5

Step05 配合高光部分的提亮适度压暗阴影部分，使地面对比再次增强，整个画面更有锐度。展开“色调”面板，选择“阴影”选项，通过移动该选项上的滑块对图像的阴影区域进行调节。具体参数如图 9.6 所示。

图 9.6

Step06 通过白色色阶的调整再次增强画面中高光部分的亮度，使照片看起来更加通透。展开“色调”面板，选择“白色色阶”选项，通过移动该选项上的滑块对图像的白色色阶区域进行调节。具体参数如图 9.7 所示。

图 9.7

Step 07 降低黑色色阶的参数，使画面中的暗部区域进一步暗下来。展开“色调”面板，选择“黑色色阶”选项，通过移动该选项上的滑块对图像的黑色色阶区域进行调节。具体参数如图 9.8 所示。

图 9.8

Step 08 通过清晰度的调整使地面部分的纹理更加清晰、有层次。展开“偏好”面板，选择“清晰度”选项，通过移动该选项上的滑块对图像清晰度进行调节。具体参数如图 9.9 所示。

图 9.9

Step 09 适度降低整体画面的鲜艳程度，使照片看起来更加厚重，且更有沉稳的感觉。展开“偏好”面板，选择“鲜艳度”选项，通过移动该选项上的滑块对图像的色彩鲜艳程度进行调节。具体参数如图 9.10 所示。

图 9.10

Step 10 运用以上步骤通过一系列调整在不同程度上增加了照片本身的对比度，因此这一步骤需要适度降低饱和度，使其在色调上看起来更加柔和。展开“偏好”面板，选择“饱和度”选项，通过移动该选项上的滑块对图像整体的饱和度进行调节。具体参数如图 9.11 所示。

图 9.11

Step 11 利用分通道对画面的色相进行调整，使地面部分的颜色看起来更加沉稳。展开“HSL”面板，选择“色相”选项，对各个颜色通道分别进行调整。具体参数如图 9.12 所示。

图 9.12

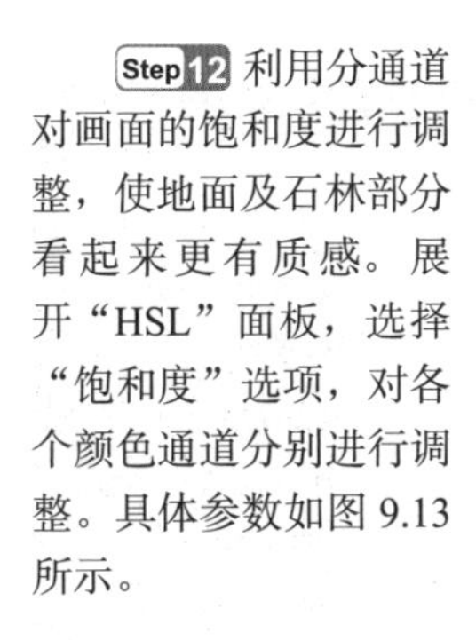

Step 12 利用分通道对画面的饱和度进行调整，使地面及石林部分看起来更有质感。展开“HSL”面板，选择“饱和度”选项，对各个颜色通道分别进行调整。具体参数如图 9.13 所示。

图 9.13

Step 13 适度降低红色通道的明度，使岩石部分看起来不那么艳丽。展开“HSL”面板，选择“明度”选项，对红色通道进行调整。具体参数如图 9.14 所示。

图 9.14

Step 14 在“图库”模块中执行“文件→导出”命令，导出修调好的照片，如图 9.15 所示。

图 9.15

Step 15 将调整后的照片进行复位，在“照片修改”面板中单击右下角的“复位”按钮，将调整后的图像进行复位处理，以便在下一步对天空区域进行调整，如图 9.16 所示。

图 9.16

Step16 适当降低整体画面的曝光度，使天空部分云的层次更加清晰和丰富。展开“色调”面板，选择“曝光度”选项，通过移动该选项上的滑块对图像的亮度进行调节。具体参数如图 9.17 所示。

图 9.17

Step17 降低画面的色温，使其呈现出偏蓝的色调。展开“白平衡”面板，选择“色温”选项，通过移动该选项上的滑块对图像的色温进行调节。具体参数如图 9.18 所示。

图 9.18

Step18 增强画面对比度，使云朵的层次更加丰富。在增加对比度的同时不难发现，画面整体的饱和度在一定程度上也是有所增强的。展开“色调”面板，选择“对比度”选项，通过移动该选项上的滑块对图像的对比度进行调节。具体参数如图 9.19 所示。

图 9.19

Step 19 略微增强画面高光部分的亮度，使照片看起来更加透亮。展开“色调”面板，选择“高光”选项，通过移动该选项上的滑块对图像的高光区域进行调节。具体参数如图 9.20 所示。

图 9.20

Step 20 再次压暗暗部区域，方便观察天空部分并进行后续修调。展开“色调”面板，选择“阴影”选项，通过移动该选项上的滑块对图像暗部区域进行调节。具体参数如图 9.21 所示。

图 9.21

Step 21 适度降低白色色阶的指数，使天空的高光部分略微压暗一些。展开“色调”面板，选择“白色色阶”选项，通过移动该选项上的滑块对白色色阶区域进行调节。具体参数如图 9.22 所示。

图 9.22

Step22 降低黑色色阶的参数，使画面中的云层呈现出厚重的感觉。展开“色调”面板，选择“黑色色阶”选项，通过移动该选项上的滑块对黑色色阶区域进行调节。具体参数如图 9.23 所示。

图 9.23

Step23 随着黑白色阶参数的调整和画面对比度的加强，使照片整体的饱和度增强，在这一步中需要做的就是对鲜艳度进行适度降低，让天空看起来更加真实。展开“偏好”面板选择“鲜艳度”选项，通过移动该选项上的滑块对天空部分的鲜艳度进行调节。具体参数如图 9.24 所示。

图 9.24

Step24 大幅降低天空部分的饱和度，使其在沉稳之余而不失厚重的感觉。展开“偏好”面板，选择“饱和度”选项，通过移动该选项上的滑块对天空部分的饱和度进行调节。具体参数如图 9.25 所示。

图 9.25

Step 25 通过曲线的调节使画面中的天空部分更加立体、厚重。展开“色调曲线”面板，分别选择其中的“高光”“亮色调”“暗色调”和“阴影”选项，通过移动选项上的滑块对图像的色调进行调节。具体参数如图 9.26 所示。

图 9.26

Step 26 Step 25 中，由于曲线的调节使画面整体的对比度加强，因此天空部分的饱和度也随之增强。因此这一步中需要适当降低天空部分的饱和度，使其看来更加沉稳、厚重，且不失真实感。展开“HSL”面板，在饱和度中选择“蓝色”选项，通过移动滑块对图像的色调进行调节。具体参数如图 9.27 所示。

图 9.27

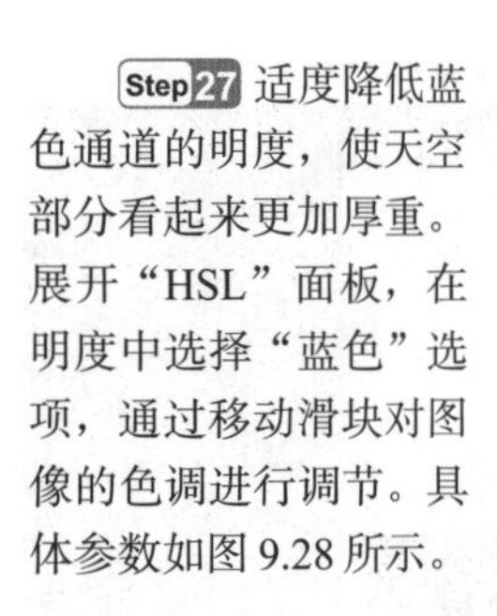

Step 27 适度降低蓝色通道的明度，使天空部分看起来更加厚重。展开“HSL”面板，在明度中选择“蓝色”选项，通过移动滑块对图像的色调进行调节。具体参数如图 9.28 所示。

图 9.28

Step 28 在“图库”模块中执行“文件→导出”命令，导出修调好的照片，如图 9.29 所示。

图 9.29

Step 29 将图像以分层的形式转入到 Photoshop 中。重新导入修调好的地面图像和天空图像，将其转入 Photoshop 中以图层的形式打开。执行“照片→在应用程序中编辑→在 Adobe Photoshop CC 中编辑”命令，将图像以分层的形式导入 Photoshop 中，以便进一步做拼接处理，如图 9.30 所示。

图 9.30

Step 30 通过添加图层蒙版并结合画笔擦除的方式对图像进行拼接处理。单击“图层”面板下方的“添加图层蒙版”按钮，添加图层蒙版。单击工具箱中的“画笔工具”按钮，擦除图像中不需要作用的部分。效果如图 9.31 所示。

Step 31 通过曲线、色阶等方式对图像的光影进行微调，使整体画面看来更加精致，最终效果如图 9.32 所示。

图 9.31

图 9.32

在对图像进行处理的过程中，本案例将大部分时间用在了画面质感的增强上，为了能够更好地体现出沙土地及岩层的质感，主要采用了增强对比的方式。但是增加对比的同时必然会使图像的饱和度随之增长，因此接下来需要做的就是适度降低画面的饱和度，最终整幅图像呈现出了低饱和度高反差的效果。

9.2 天山风貌照片处理

本案例中的颜色过于平淡且整体画面的锐度远远不够。在后期的修调中通过色调的转换、对比度的加强等，最终将一幅广阔的草原风光照片呈现在了各位读者面前。

原图主要存在色调过于平淡的问题，除此之外整个照片并没有太大的毛病。针对此类外景，在后期的修调中应该将侧重点放在画面意境的渲染上，在本案例中为了更好地体现出草原风光应有的广袤及整个场景恢宏的气势，在色调上主要采用了蓝色与橙红色的对比。除此之外，适度加强画面本身的对比度，使其呈现出了高反差高饱和度的 HDR 效果。最终，通过压暗四周环境的方式使画面的主体部分很好地凸显了出来。至此，一张天高云淡的草原风光照片就呈现在了各位读者面前，本案例原图和最终效果如图 9.33 所示。

图 9.33

Step 01 在“图库”模块中执行“文件→导入照片和视频”命令，导入照片“9.2.jpg”原始文件。适当降低原图的曝光度可以使画面中的层次显现得更加丰富，尤其可以使天空中的云看起来更加立体。展开“色调”面板，选择“曝光度”选项，通过移动该选项上的滑块对图像的亮度进行调节。具体参数如图 9.34 所示。

图 9.34

Step 02 略微降低照片的色温，使画面看起来更加纯净。偏高的色温虽然可以给人以暖暖的感觉，但是针对这张照片降低色温却能很好地体现出原野风光应有的广袤与恢宏。展开“白平衡”面板，选择“色温”选项，通过移动该选项上的滑块对图像的色温进行调节。具体参数如图 9.35 所示。

图 9.35

Step 03 对照片的色调进行调整，使其呈现出偏洋红的色调。为整体画面附着上一层淡淡的紫色，给人以神秘的感觉。展开“白平衡”面板，选择“色调”选项，通过移动该选项上的滑块对图像的色调进行调节。具体参数如图 9.36 所示。

图 9.36

Step 04 这一步十分关键，通过对比度的加强使画面的反差增大、饱和度进一步提升。于是整张照片呈现出了高反差高饱和度的状态，在视觉上给人以较强的冲击力。展开“色调”面板，选择“对比度”选项，通过移动该选项上的滑块对图像的对比度进行调节。具体参数如图 9.37 所示。

图 9.37

Step 05 通过对图像中高光部分适当提亮，使画面呈现出通透的效果。展开“色调”面板，选择“高光”选项，通过移动该选项上的滑块对图像的高光区域进行调节。具体参数如图 9.38 所示。

图 9.38

Step 06 通过对暗部区域的提亮，使画面阴影部分的细节呈现得更加完整。展开“色调”面板，选择“阴影”选项，通过移动该选项上的滑块对图像的阴影部分进行调节。具体参数如图 9.39 所示。

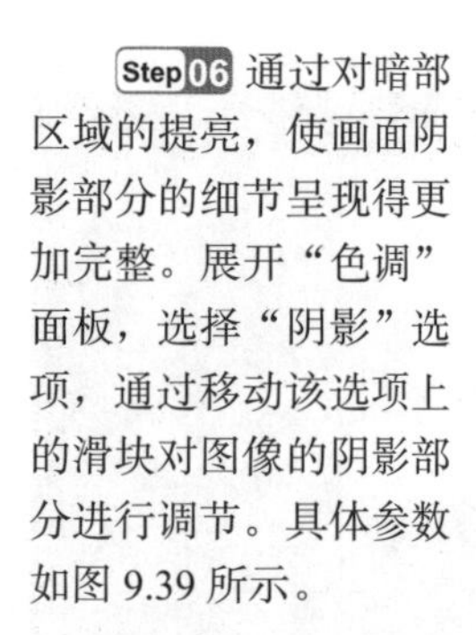

图 9.39

Step07 这一步的主要目的在于通过降低白色色阶的指数，使天空中高光区域的层次更好地显现出来，也就是使云朵看起来更立体。展开“色调”面板，选择“白色色阶”选项，通过移动该选项上的滑块对图像的白色色阶进行调节。具体参数如图 9.40 所示。

图 9.40

Step08 适当提高黑色色阶的参数，使画面中暗部区域的层次有所还原。展开“色调”面板，选择“黑色色阶”选项，通过移动该选项上的滑块对图像的黑色色阶进行调节。具体参数如图 9.41 所示。

图 9.41

Step09 进一步增强画面的清晰度，使其看起来更加通透立体。这样做还有一个好处，就是可以更好地凸显细节部分的层次。展开“偏好”面板，选择“清晰度”选项，通过移动该选项上的滑块对图像清晰度进行调节。具体参数如图 9.42 所示。

图 9.42

Step 10 基于以上步骤中对比度的增强，在这里通过增加照片的鲜艳度，使整体画面初步呈现出HDR的风格。展开“偏好”面板，选择“鲜艳度”选项，通过移动该选项上的滑块对图像整体色彩进行调节。具体参数如图9.43所示。

图 9.43

Step 11 略微提高整体画面的饱和度，使其在色彩方面更加艳丽。展开“偏好”面板，选择“饱和度”选项，通过移动该选项上的滑块对照片的饱和度进行调节。具体参数如图9.44所示。

图 9.44

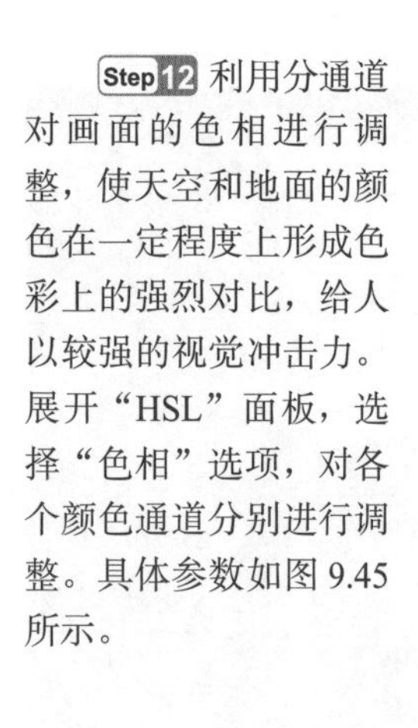

Step 12 利用分通道对画面的色相进行调整，使天空和地面的颜色在一定程度上形成色彩上的强烈对比，给人以较强的视觉冲击力。展开“HSL”面板，选择“色相”选项，对各个颜色通道分别进行调整。具体参数如图9.45所示。

图 9.45

Step 13 利用分通道对画面的饱和度进行调整，尤其使天空部分的饱和度有所降低。这样调整后的画面才能够更好地呈现出天高云淡的效果。展开“HSL”面板，选择“饱和度”选项，对各个颜色通道分别进行调整。具体参数如图 9.46 所示。

图 9.46

Step 14 利用分通道对照片的明度进行调整，使画面中的天空和地面更好地融为一体。展开“HSL”面板，选择“明度”选项，对各个颜色通道分别进行调整。具体参数如图 9.47 所示。

图 9.47

Step 15 通过压暗四周的方式使画面的主体部分更加突出。展开“效果”面板，在“裁剪后暗角”中选择“数量”选项，通过移动该选项上的滑块调整暗角的范围。具体参数如图 9.48 所示。

图 9.48

Step 16 利用分通道对画面的饱和度进行调整，使照片给人以沉稳的感觉。展开“HSL”面板，选择“饱和度”选项，对各个颜色通道分别进行调整，具体参数和最终效果如图 9.49 所示。

图 9.49

在外景的后期调整中，除了针对照片中存在的各种问题进行有针对性的修整外，还需要对画面整体氛围进行渲染。为了能够很好地做到这一点，首先应当对照片本身有一个较为深刻的理解，如摄影师的拍摄意图、所要表达的是怎样一种意境与心情等，这些都是后期修调的重要依据。

9.3 卡车人文照片处理

本案例中的画面在拍摄时有一点欠曝，因此出现了整体偏暗的感觉。在后期调整时对于色调并没有做过多的改变，但是在光影上下了比较大的工夫。通过光影的重塑使画面主体部分更加突出、细节层次更加丰富。最终将一幅以红色拖拉机为主体、略带 HDR 风格的外景展示在读者面前。

原图中存在略微欠曝的情况，除此之外并无太大的问题。但是为了能够使主体突出，在后期的修调中主要在曝光度、对比度等方面进行了调整。另外，调整画笔功能在本案例中的作用也是不能忽视的，主要通过调整画笔的应用，手动为画面的云层等部分添加层次感，本案例原图和最终效果如图 9.50 所示。

图 9.50

Step01 在“图库”模块中执行“文件→导入照片和视频”命令，导入照片“9.3.jpg”原始文件，如图 9.51 所示。

图 9.51

Step02 由于原图中存在欠曝的情况，导致整体画面比较暗淡，因此首先提高整体亮度，使图像中的层次更好地呈现出来。展开“色调”面板，选择“曝光度”选项，通过移动该选项上的滑块对图像的亮度进行调节。具体参数如图 9.52 所示。

图 9.52

Step03 加强整体画面的对比度，使照片看起来更立体且色彩更加艳丽，这样可以更好地凸显红色拖拉机的主体地位。展开“色调”面板，选择“对比度”选项，通过移动该选项上的滑块对图像的对比度进行调节。具体参数如图 9.53 所示。

图 9.53

Step04 适度降低画面中的高光参数，使其中的细节呈现得更加完整。通过观察可以发现降低高光后，天空部分白云的层次更加丰富。展开“色调”面板，选择“高光”选项，通过移动该选项上的滑块对图像的高光进行调节。具体参数如图9.54所示。

图9.54

Step05 通过提亮阴影部分的亮度，使画面中暗部区域的细节体现得更加完整。调整后拖拉机下方及石头暗部的层次被更好地凸显了出来。展开“色调”面板，选择“阴影”选项，通过移动该选项上的滑块对图像的暗部区域进行调节。具体参数如图9.55所示。

图9.55

Step06 通过适度降低白色色阶的指数使高光部分略微暗下来一些，这样做的最大好处在于让照片看起来不那么鲜艳。在增加整体厚度的同时给人以沉稳的气质。展开“色调”面板，选择“白色色阶”选项，通过移动该选项上的滑块对图像的高光区域进行调节。具体参数如图9.56所示。

图9.56

Step07 对画面暗部的细节进行提取，使图像的层次更加丰富。展开“色调”面板，选择“黑色色阶”选项，通过移动该选项上的滑块对图像阴影部分进行调节。具体参数如图 9.57 所示。

图 9.57

Step08 清晰度的加强可以使画面看起来更有锐度，整个照片略显 HDR 风格。展开“偏好”面板，选择“清晰度”选项，通过移动该选项上的滑块对图像的清晰度进行调节。具体参数如图 9.58 所示。

图 9.58

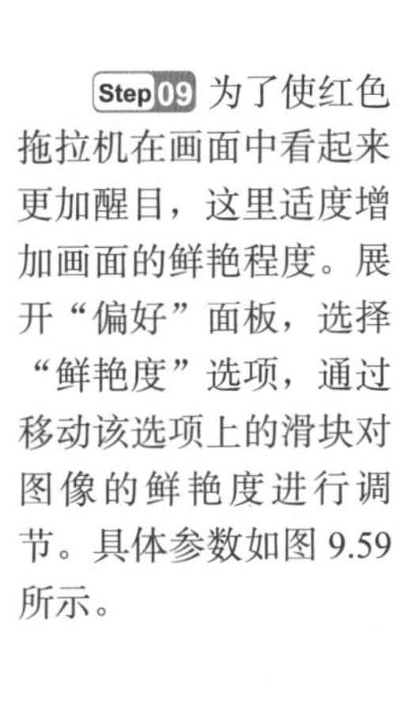

Step09 为了使红色拖拉机在画面中看起来更加醒目，这里适度增加画面的鲜艳程度。展开“偏好”面板，选择“鲜艳度”选项，通过移动该选项上的滑块对图像的鲜艳度进行调节。具体参数如图 9.59 所示。

图 9.59

Step 10 再次增加整体图像的饱和度，使画面初步呈现出高饱和度高反差的视觉效果。展开“偏好”面板，选择“饱和度”选项，通过移动该选项上的滑块对图像的饱和度进行调节。具体参数如图 9.60 所示。

图 9.60

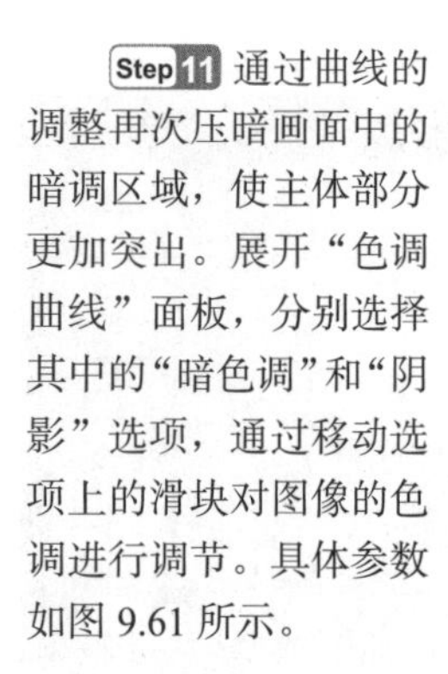

Step 11 通过曲线的调整再次压暗画面中的暗调区域，使主体部分更加突出。展开“色调曲线”面板，分别选择其中的“暗色调”和“阴影”选项，通过移动选项上的滑块对图像的色调进行调节。具体参数如图 9.61 所示。

图 9.61

Step 12 利用分通道对画面的色相进行调整，在色调统一的前提下又不失各个色彩的多样性。展开“HSL”面板，选择“色相”选项，对各个颜色通道分别进行调整。具体参数如图 9.62 所示。

图 9.62

Step 13 利用分通道对画面的饱和度进行调整，在这一步中重点对地面黄色的饱和度进行降低。展开“HSL”面板，选择“饱和度”选项，对各个颜色通道分别进行调整。具体参数如图 9.63 所示。

图 9.63

Step 14 利用分通道对画面的明度进行调整，在这一步中主要适度地提高了黄色的明度。展开“HSL”面板，选择“明度”选项，对各个颜色通道分别进行调整。具体参数如图 9.64 所示。

图 9.64

Step 15 对图像进行锐化处理，使画面看起来更加清晰立体。展开“细节”面板，在“锐化”选项中选择“数量”选项，通过移动该选项上的滑块对图像的锐化程度进行调节。具体参数如图 9.65 所示。

图 9.65

Step16 通过压暗四周，使画面的主体更加的突出。调整后红色拖拉机部分看起来更加醒目。展开“效果”面板，在“裁剪后暗角”选项中分别选择“数量”“中点”“圆点”及“羽化”等选项，通过移动选项上的滑块对图像四周进行压暗处理。具体参数如图 9.66 所示。

图 9.66

Step17 通过使用调整画笔，对图像中的编织袋部分进行单独调整，适度降低该区域的明度及饱和度，使其更好地融合到整体画面中。按【K】键或者单击画笔调整工具，设置画笔参数后对编织袋部分的曝光度、对比度等进行调整，具体参数和效果如图 9.67 所示。

图 9.67

Step18 通过使用调整画笔来手动加强云层的立体感和厚重感。按【K】键或者单击画笔调整工具，设置画笔参数后对云层的部分区域进行加深处理，具体参数和最终效果如图 9.68 所示。

图 9.68

在图像后期的调整中，不论是色调上的变换还是光影上的重塑，必须遵循突出画面主题这个原则来进行。注意，所有的修调都是为主体服务的。因此，在着手修图前首先应该对画面进行仔细观察、认真思考及全面分析，切不可漫无目的地进行调整。

9.4 美丽的村落照片处理

本案例中的照片整体效果不满意，除了色调偏蓝外，画面的亮度远远不够，致使其中本应有的一些层次不能被很好地体现出来。在后期的调整过程中主要从色温、亮度及色相、饱和度等几个方面加以调整。

原图中主要存在严重欠曝的情况，除此之外，整体色调偏蓝且画面色彩不够丰富也是需要重点调整的方面。整个图像的调整大约用了 40 分钟，为了使读者进一步了解具体的做法，在本案例中将尽可能地还原当时的调整步骤，本案例原图和最终效果如图 9.69 所示。

图 9.69

Step01 在“图库”模块中执行“文件→导入照片和视频”命令，导入照片“9.4.jpg”原始文件，如图 9.70 所示。

图 9.70

Step02 调整整体画面的色温，适当降低蓝色的色调。展开“白平衡”面板，选择“色温”选项，通过移动该选项上的滑块对图像的色温进行调节。具体参数如图 9.71 所示。

Step03 原图中存在欠曝的情况，整体图像看起来过暗，可以通过曝光度的调节来增强画面的亮度。展开“色调”面板，选择“曝光度”选项，通过移动该选项上的滑块对图像的亮度进行调节。具体参数如图 9.72 所示。

Step04 适当增加图像的对比度，可以使画面看起来更加立体、通透。展开“色调”面板，选择“对比度”选项，通过移动该选项上的滑块对图像的对比度进行调节。具体参数如图 9.73 所示。

图 9.71

图 9.72

图 9.73

Step05 适当增加高光部分的亮度，使整体画面看起来更加通透。展开“色调”面板，选择“高光”选项，通过移动该选项上的滑块对图像的对比度进行调节。具体参数如图 9.74 所示。

图 9.74

Step06 适当提亮阴影部分的亮度，使画面中的暗部细节体现得更加丰富。展开“色调”面板，选择“阴影”选项，通过移动该选项上的滑块对图像的阴影部分进行调节。具体参数如图 9.75 所示。

图 9.75

Step07 适当增加白色色阶的数值，从整体上提亮图像的亮度。展开“色调”面板，选择“白色色阶”选项，通过移动该选项上的滑块对图像的阴影部分进行调节。具体参数如图 9.76 所示。

图 9.76

Step 08 适当降低黑色色阶的数值，再次降低画面暗部的亮度。展开“色调”面板，选择“黑色色阶”选项，通过移动该选项上的滑块对图像的阴影部分进行调节。具体参数如图 9.77 所示。

图 9.77

Step 09 通过加强清晰度来增强画面的对比度，使其看起来更加立体。展开“偏好”面板，选择“清晰度”选项，通过移动该选项上的滑块对图像的整体对比度进行调节。具体参数如图 9.78 所示。

图 9.78

Step 10 通过调整的鲜艳度，使画面看起来更加明艳。展开“偏好”面板，选择“鲜艳度”选项，通过移动该选项上的滑块对图像的整体鲜艳度进行调节。具体参数如图 9.79 所示。

图 9.79

Step 11 通过增加饱和度的方式，使画面看起来颜色更加艳丽、层次更加丰富。展开“偏好”面板，选择“饱和度”选项，通过移动该选项上的滑块对图像的整体鲜艳度进行调节。具体参数如图 9.80 所示。

图 9.80

Step 12 利用分通道对画面的色相进行调整。展开“HSL”面板，选择“色相”选项，对各个颜色通道分别进行调整。具体参数如图 9.81 所示。

图 9.81

Step 13 利用分通道对画面的饱和度进行调整。展开“HSL”面板，选择“饱和度”选项，对各个颜色通道分别进行调整。具体参数如图 9.82 所示。

图 9.82

Step14 利用通道对画面的明亮度进行调整。展开“HSL”面板，选择“明亮度”选项，对各个颜色通道分别进行调整，具体参数和最终效果如图 9.83 所示。

许多图像在后期修调中都会遇到需要提高亮度的情况，部分读者会疑惑如何才能准确地把握画面最终的亮度。在这里介绍一个比较实用的方法：在调整的过程中，首先将亮度提高到过曝的状态后再逐渐向回调整，直到达到满意的效果为止。这样做的最大好处在于，可以避免因为错过了最佳的曝光点而使画面无法呈现出最佳效果。

图 9.83

9.5 夜光下的园林照片润饰

本案例中的照片整体色温较低，呈现出偏蓝的效果。为了在视觉上减少清冷、阴郁的感觉，主要从色温的调整上着手对画面进行处理。在整体色调趋于正常之后，再对画面进一步精调。最终，一幅暖暖路灯下的雨夜街景便呈现在了读者面前。

从整体来看，原图中主要存在偏色的问题，由于色温过低，使得照片呈现出偏蓝色的视觉效果。在夜景拍摄中，偏蓝色调会给人以阴郁、清冷的感觉，为了能够体现雨夜街景中路灯的些许暖意，在后期的修调中适度提升了整体色温，并对画面中的黄色调进行着重调整，本案例原图和最终效果如图 9.84 所示。

原 图

效果图

图 9.84

Step01 在“图库”模块中执行“文件→导入照片和视频”命令，导入照片“9.5.jpg”原始文件。调整整体画面的色温，适当降低蓝色的色调。展开“白平衡”面板，选择“色温”选项，通过移动该选项上的滑块对图像的色温进行调节。具体参数如图 9.85 所示。

Step02 适度提亮阴影区域，使画面暗部细节呈现得更加完整。展开“色调”面板，选择“阴影”选项，通过移动该选项上的滑块对图像的阴影部分进行调节。具体参数如图 9.86 所示。

图 9.85

图 9.86

Step 03 适度增加黑色色阶的数值，略微提亮画面中的暗部区域，使其细节呈现得更完整。展开“色调”面板，选择“黑色色阶”选项，通过移动该选项上的滑块对图像的暗部区域进行调节。具体参数如图 9.87 所示。

图 9.87

Step04 对清晰度进行调整，使画面显得更加通透、立体。展开“偏好”面板，选择“清晰度”选项，通过移动该选项上的滑块对图像的清晰度进行调节。具体参数如图 9.88 所示。

图 9.88

Step05 通过调整鲜艳度，使画面看起来更加艳丽。展开“偏好”面板，选择“鲜艳度”选项，通过移动该选项上的滑块对图像的色彩的鲜艳程度进行调节。具体参数如图 9.89 所示。

图 9.89

Step06 利用分通道对画面饱和度进行调整。展开“HSL”面板，选择“饱和度”选项，对黄色通道单独进行调整。具体参数如图 9.90 所示。

图 9.90

Step07 利用分通道对画面亮度进行调整。展开“HSL”面板，选择“明亮度”选项，对黄色通道单独进行调整。具体参数如图 9.91 所示。

图 9.91

关于雨夜街景的后期调整中，尤其应该注意色温的把控，因为这关系到了这幅画面所传递的整体意境。色温偏低会给人以阴郁、清冷的感觉，适度提高色温后，除了在很大程度上减轻了凄冷的感觉外，更能突出昏黄的路灯给人的丝丝暖意。至此不难看出，在后期的修调中，除了解决照片中存在的各种问题，还需要对画面的整体意境有一个准确把握。

9.6 黑白照片润饰

在处理黑白照片时，并不是将彩色的照片直接转成黑白就可以了，这是一个比较繁复的过程。黑白照片由于色彩的缺乏，主要依靠图像中的明暗来表现其中的层次感及立体感。因此，就需要在修调中将大量的心思用在如何对画面中的光影进行调节，使其呈现出更加丰富的层次及精致的细节。

原图拍摄时，由于局部过暗，导致了一些细节层次有所缺失，但考虑到本案例的调整目标是将彩色照片修调成黑白效果，因此并不急于对地面暗部进行光影调整。而是先将图像做整体转黑白的处理，再对各个细节层次进行调整。最终使画面中该暗的部分暗下去，但并非死黑一片；该亮的区域亮起来，但不至于白茫茫一片，本案例原图和最终效果如图 9.92 所示。

图 9.92

Step01 导入照片，在“图库”模块中执行“文件→导入照片和视频”命令，导入照片“9.6.jpg”原始文件，如图 9.93 所示。

图 9.93

Step02 将导入的照片进行转黑白的处理。执行“设置→转换为黑白”命令，以便在后面的操作中进行光影与层次的调整，如图 9.94 所示。

图 9.94

Step03 适当增加曝光度，使画面整体亮起来。展开“色调”面板，选择“曝光度”选项，通过移动该选项上的滑块进行调节。具体参数如图 9.95 所示。

图 9.95

Step 04 通过色温的调整使暗部的细节呈现得更加清晰。展开“白平衡”面板，选择“色温”选项，通过移动该选项上的滑块进行调节。具体参数如图 9.96 所示。

图 9.96

Step 05 适当降低画面中色调的参数。展开“白平衡”面板，选择“色调”选项，通过移动该选项上的滑块进行调节。具体参数如图 9.97 所示。

图 9.97

Step 06 对画面进行加强对比度的处理。展开“色调”面板，选择“对比度”选项，通过移动该选项上的滑块进行调节。具体参数如图 9.98 所示。

图 9.98

Step07 做大幅提高高光区域亮度的处理。展开“色调”面板，选择“高光”选项，通过移动该选项上的滑块进行调节。具体参数如图 9.99 所示。

图 9.99

Step08 适当提亮阴影区域使细节较好地呈现出来。展开“色调”面板，选择“阴影”选项，通过移动该选项上的滑块进行调节。具体参数如图 9.100 所示。

图 9.100

Step09 提亮画面中的白色色阶。展开“色调”面板，选择“白色色阶”选项，通过移动该选项上的滑块进行调节。具体参数如图 9.101 所示。

图 9.101

Step 10 再次压暗画面中黑色色阶。展开“色调”面板，选择“黑色色阶”选项，通过移动该选项上的滑块进行调节。具体参数如图 9.102 所示。

图 9.102

Step 11 对画面的清晰度进行加强。展开“偏好”面板，选择“清晰度”选项，通过移动该选项上的滑块进行调节。具体参数如图 9.103 所示。

图 9.103

Step 12 导出照片，在“图库”模块中执行“文件→导出”命令，导出修调好的照片，如图 9.104 所示。

图 9.104

Step 13 将调整后的照片进行复位，在“照片修改”面板中单击右下角的“复位”按钮，将调整后的图像进行复位处理，以便调整天空区域，如图 9.105 所示。

图 9.105

Step 14 将导入的照片进行转黑白处理。执行“设置→转换为黑白”命令，以便在后面的操作中进行光影与层次的调整，如图 9.106 所示。

图 9.106

Step 15 适当降低曝光度，使天空部分的层次更加凸显。展开“色调”面板，选择“曝光度”选项，通过移动该选项上的滑块进行调节。具体参数如图 9.107 所示。

图 9.107

Step 16 对画面整体进行降低色温的处理。展开“白平衡”面板，选择“色温”选项，通过移动该选项上的滑块进行调节。具体参数如图 9.108 所示。

图 9.108

Step 17 适度增加整体画面的色调指数。展开“白平衡”面板，选择“色调”选项，通过移动该选项上的滑块进行调节。具体参数如图 9.109 所示。

图 9.109

Step 18 大幅增加照片的整体对比度。展开“色调”面板，选择“对比度”选项，通过移动该选项上的滑块进行调节。具体参数如图 9.110 所示。

图 9.110

Step 19 降低画面中高光区域的亮度。展开“色调”面板，选择“高光”选项，通过移动该选项上的滑块进行调节。具体参数如图 9.111 所示。

图 9.111

Step 20 降低画面中阴影区域的亮度。展开“色调”面板，选择“阴影”选项，通过移动该选项上的滑块进行调节。具体参数如图 9.112 所示。

图 9.112

Step 21 适度提亮画面中白色色阶的参数。展开“色调”面板，选择“白色色阶”选项，通过移动该选项上的滑块进行调节。具体参数如图 9.113 所示。

图 9.113

Step22 大幅降低画面中黑色色阶的参数。展开“色调”面板，选择“黑色色阶”选项，通过移动该选项上的滑块进行调节。具体参数如图 9.114 所示。

图 9.114

Step23 适度提升整体画面的清晰程度。展开“偏好”面板，选择“清晰度”选项，通过移动该选项上的滑块进行调节。具体参数如图 9.115 所示。

图 9.115

Step24 在“图库”模块中执行“文件→导出”命令，导出修调好的照片，如图 9.116 所示。

图 9.116

Step 25 将图像以分层的形式转入到 Photoshop 中，重新导入修调好的地面图像和天空图像，将其转入 Photoshop 中以图层的形式打开。执行“照片→在应用程序中编辑→在 Adobe Photoshop CC 中编辑”命令，将图像以分层的形式导入 Photoshop 中，以便进一步做拼接处理，如图 9.117 所示。

图 9.117

Step 26 通过添加图层蒙版并结合画笔擦除的方式对图像做拼接处理。再对合成的图像进行光影微调，最终效果如图 9.118 所示。

图 9.118

这张照片的调整主要涉及了 Lightroom 和 Photoshop 两种软件的用法，其中 Lightroom 最大的优势在于对原始文件的初调及批处理。而 Photoshop 在图像的处理上则更加细致、精准。只有将二者有效地结合起来运用，调整出来的画面才会更加完美。本案例的处理思路大致为：首先将照片在 Lightroom 中整体转换为黑白；然后分别对天空和地面部分的光影进行调节，使其层次感更加凸显；最后将调整好的地面和天空部分导入 Photoshop 中进行合成及微调。最终，这幅以黑白为主调，层次感、立体感极强的外景照片就调整完成了。

9.7 玉龙雪山照片润饰

通过原图与效果图的对比不难发现，原图中由于曝光不足，导致画面中尤其是地面部分漆黑一片。图像中本应有的细节无法被完整地呈现出来，最终能看到的只有少许天空部分，且天空部分的颜色过于平淡。针对原图存在的问题，接下来一一进行处理。

原图中存在严重欠曝的情况，导致地面部分的层次尽失。除此之外，天空部分的层次及色调远远不够，使整个画面的意境不能更好地体现出来。在后期主要分 3 步来处理，首先对地面和天空部分分别修调，然后再进行拼合处理。最终一幅颜色亮丽、层次丰富且立体感较强的外景图就修调完成了，本案例原图和最终效果如图 9.119 所示。

图 9.119

Step01 在“图库”模块中执行“文件→导入照片和视频”命令，导入照片“9.7.jpg”原始文件，如图 9.120 所示。

图 9.120

Step 02 大幅提升画面的曝光度，使照片瞬间亮起来。展开“色调”面板，选择“曝光度”选项，通过移动该选项上的滑块进行调节。具体参数如图 9.121 所示。

图 9.121

Step 03 略微提升整体色温，使照片呈现出暖调。展开“白平衡”面板，选择“色温”选项，通过移动该选项上的滑块进行调节。具体参数如图 9.122 所示。

图 9.122

Step 04 略微调整色调，使其呈现偏红的效果。展开“白平衡”面板，选择“色调”选项，通过移动该选项上的滑块进行调节。具体参数如图 9.123 所示。

图 9.123

Step05 加强画面的对比度，使细节部分体现得更加清晰。展开“色调”面板，选择“对比度”选项，通过移动该选项上的滑块进行调节。具体参数如图 9.124 所示。

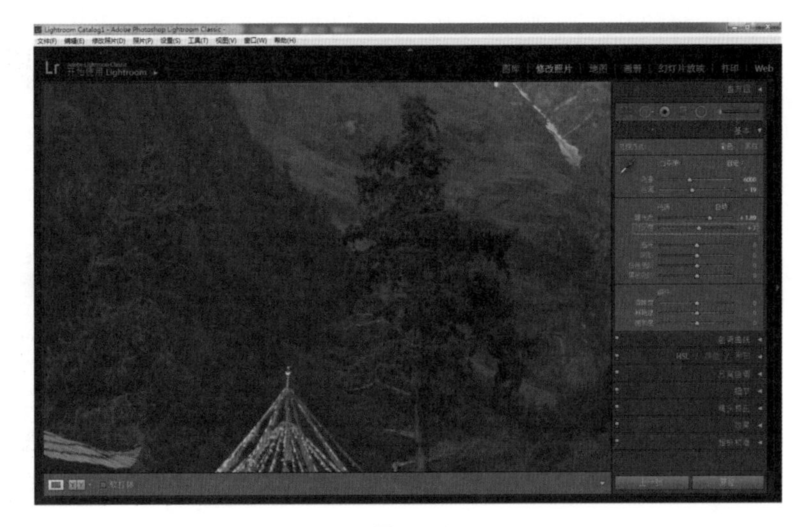

图 9.124

Step06 大幅提升高光区域的亮度，使画面瞬间通透起来。展开“色调”面板，选择“高光”选项，通过移动该选项上的滑块进行调节。具体参数如图 9.125 所示。

图 9.125

Step07 适当提升暗部区域的亮度，以此来还原画面中较暗区域的层次。展开“色调”面板，选择“阴影”选项，通过移动该选项上的滑块进行调节。具体参数如图 9.126 所示。

图 9.126

Step08 适当降低黑色色阶的参数，使画面更加立体。展开“色调”面板，选择“黑色色阶”选项，通过移动该选项上的滑块进行调节。具体参数如图 9.127 所示。

图 9.127

Step09 通过适当加强整体的清晰度，使照片细节部分的层次更加丰富。展开“偏好”面板，选择“清晰度”选项，通过移动该选项上的滑块进行调节。具体参数如图 9.128 所示。

图 9.128

Step10 通过鲜艳度的调整，使照片的色彩更加亮丽。展开“偏好”面板，选择“鲜艳度”选项，通过移动该选项上的滑块进行调节。具体参数如图 9.129 所示。

图 9.129

Step 11 适当增加画面的饱和度，使照片的色彩更加丰富。展开“偏好”面板，选择“饱和度”选项，通过移动该选项上的滑块进行调节。具体参数如图 9.130 所示。

图 9.130

Step 12 通过曲线的调整使整体对比度增强。展开“色调曲线”面板，分别选择其中的“高光”“亮色调”“暗色调”和“阴影”选项，通过移动选项上的滑块对图像色调进行调节。具体参数如图 9.131 所示。

图 9.131

Step 13 利用分通道对画面的色相进行调整，使画面的色彩更加丰富。展开“HSL”面板，选择“色相”选项，对各个颜色通道分别进行调整。具体参数如图 9.132 所示。

图 9.132

Step14 利用分通道对画面的饱和度进行调整，使色彩更加亮丽。展开“HSL”面板，选择“饱和度”选项，对各个颜色通道分别进行调整。具体参数如图 9.133 所示。

图 9.133

Step15 利用分通道对画面的明度进行调整，使画面中的层次呈现得更加完整。展开“HSL”面板，选择“明度”选项，对各个颜色通道分别进行调整。具体参数如图 9.134 所示。

图 9.134

Step16 对画面进行适当的锐化处理，使其细节部分更加清晰、立体。展开“细节”面板，在“锐化”中分别选择“数量”“半径”“细节”和“蒙版”选项，通过移动选项上的滑块对图像进行调整。具体参数如图 9.135 所示。

图 9.135

Step17 通过添加暗角的方式对画面的四周进行压暗处理，使主体部分更加突出。展开“效果”面板，在裁剪后的暗角中选择“数量”选项，通过移动选项上的滑块对图像进行调整。具体参数如图 9.136 所示。

图 9.136

Step18 在“图库”模块中执行“文件→导出”命令，导出修调好的照片，如图 9.137 所示。

图 9.137

Step19 在“图库”模块中执行“文件→导入照片和视频”命令，导入照片“9.7.jpg”原始文件，如图 9.138 所示。

图 9.138

Step 20 略微降低画面的曝光度，使天空部分云的层次更加清晰。展开“色调”面板，选择“曝光度”选项，通过移动该选项上的滑块进行调节。具体参数如图 9.139 所示。

图 9.139

Step 21 通过色温的降低使天空部分的颜色更加偏蓝。展开“白平衡”面板，选择“色温”选项，通过移动该选项上的滑块进行调节。具体参数如图 9.140 所示。

图 9.140

Step 22 适度增加整体的对比度，使画面的层次感及立体感更强。展开“色调”面板，选择“对比度”选项，通过移动该选项上的滑块进行调节。具体参数如图 9.141 所示。

图 9.141

Step23 对图像中的高光区域进行提亮处理，使画面更加通透。展开“色调”面板，选择“高光”选项，通过移动该选项上的滑块进行调节。具体参数如图 9.142 所示。

图 9.142

Step24 再次压暗阴影部分亮度，使天空区域的立体感更强。展开“色调”面板，选择“阴影”选项，通过移动该选项上的滑块进行调节。具体参数如图 9.143 所示。

图 9.143

Step25 通过提升白色色阶参数的方式，提亮画面中白色区域的亮度。展开“色调”面板，选择“白色色阶”选项，通过移动该选项上的滑块进行调节。具体参数如图 9.144 所示。

图 9.144

Step26 通过降低黑色色阶参数的方式，再次压暗画面中黑色区域的亮度。展开“色调”面板，选择“黑色色阶”选项，通过移动该选项上的滑块进行调节。具体参数如图 9.145 所示。

图 9.145

Step27 适度增加画面的清晰度，使细节部分呈现得更加完美。展开“偏好”面板，选择“清晰度”选项，通过移动该选项上的滑块进行调节。具体参数如图 9.146 所示。

图 9.146

Step28 增加天空部分的鲜艳度，使其颜色更加艳丽。展开“偏好”面板，选择“鲜艳度”选项，通过移动该选项上的滑块进行调节。具体参数如图 9.147 所示。

图 9.147

Step29 略微增加饱和度使天空的颜色更蓝。展开“偏好”面板，选择“饱和度”选项，通过移动该选项上的滑块进行调节。具体参数如图 9.148 所示。

图 9.148

Step30 对曲线进行调整，使天空部分的对比度进一步增强。展开“色调曲线”面板，分别选择其中的“高光”“亮色调”“暗色调”和“阴影”选项，通过移动选项上的滑块对图像色调进行调节。具体参数如图 9.149 所示。

图 9.149

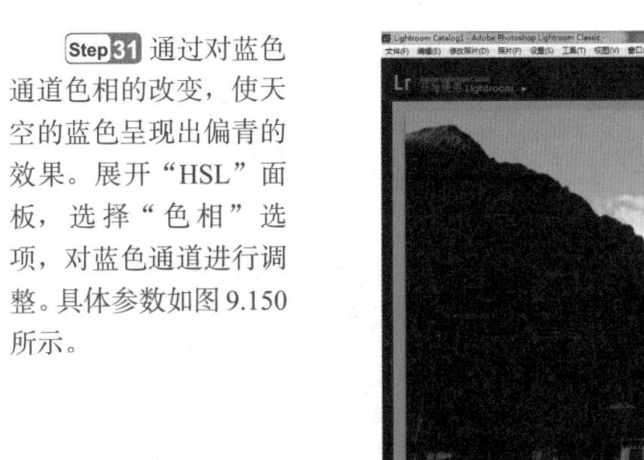

Step31 通过对蓝色通道色相的改变，使天空的蓝色呈现出偏青的效果。展开“HSL”面板，选择“色相”选项，对蓝色通道进行调整。具体参数如图 9.150 所示。

图 9.150

Step32 通过对蓝色通道饱和度的改变，使天空的颜色更加浓重。展开“HSL”面板，选择“饱和度”选项，对蓝色通道进行调整。具体参数如图 9.151 所示。

图 9.151

Step33 通过对蓝色通道明度的改变，使天空亮度适当减弱。展开“HSL”面板，选择“明度”选项，对蓝色通道进行调整。具体参数如图 9.152 所示。

图 9.152

Step34 在“图库”模块中执行“文件→导出”命令，导出修调好的照片，如图 9.153 所示。

图 9.153

Step 35 将图像以分层的形式转入到 Photoshop 中，重新导入修调好的地面图像和天空图像，将其转入 Photoshop 中以图层的形式打开。执行“照片→在应用程序中编辑→在 Adobe Photoshop CC 中编辑”命令，将图像以分层的形式导入 Photoshop 中，以便进一步做拼接处理，如图 9.154 所示。

图 9.154

Step 36 通过添加蒙版并结合画笔的方式，对天空部分和地面部分进行拼接处理。单击“图层”面板下方的“添加图层蒙版”按钮，添加图层蒙版。单击工具箱中的“画笔工具”按钮，擦除图像中不需要作用的部分，效果如图 9.155 所示。

Step 37 对可见图层盖印之后，通过曲线及可选颜色等方式对画面的色调进行细微调整，以此达到更好的视觉效果，最终效果如图 9.156 所示。

图 9.155

图 9.156

一幅好的画面往往会因为曝光不准确而丧失很多细节部分，导致最终的视觉效果并不理想。因此，在后期处理时，关于曝光的调整是十分关键的一步，也是进行其他方面调整的基础。

9.8 山区局部曝光照片润饰

本案例主要讲解 Lightroom 与 Photoshop 相结合的具体用法。首先将文件导入到 Lightroom 中进行初步调整，包括颜色及亮度等方面的调整。再将初调后的图像转入 Photoshop 中进行更精细的修整，如分区调整画面的亮度，以及通过中灰图层的建立来手动塑造画面的光影等。总之，创作思路是灵活的、方法是多样的。不论使用哪种软件，能够让所拍摄的照片达到最佳的视觉效果才是最终目的。

通过观察可以发现原图整体比较模糊混沌，且草地的颜色不够清新。因此在后期调整时应该从画面的对比度及色彩的饱和度两个方面入手，通过对比度的加强，使整体饱和度随之上升。再对画面进行细化处理，如颜色的微调、整体对比度的增强及局部光影的调节等，使最终的效果看起来更加精致，本案例原图和最终效果如图 9.157 所示。

图 9.157

Step 01 打开素材文件“9.8.jpg”，进行色温的调整，适当增加整体色温使草地呈现出黄绿色。展开“白平衡”面板，选择“色温”选项，通过移动该选项上的滑块进行调节。具体参数如图 9.158 所示。

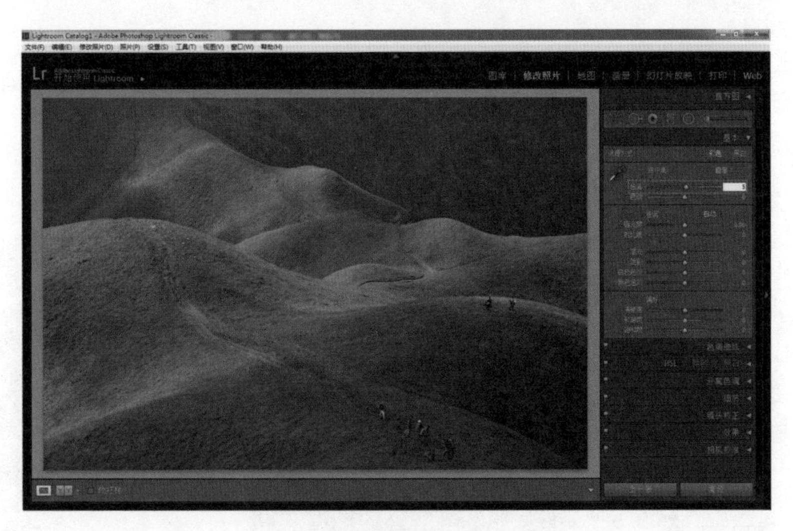

图 9.158

Step02 对色调进行微调使整体呈现出偏青的效果。展开“白平衡”面板，选择“色调”选项，通过移动该选项上的滑块进行调节。具体参数如图 9.159 所示。

图 9.159

Step03 适度增加曝光度使草地亮起来。展开“色调”面板，选择“曝光度”选项，通过移动该选项上的滑块进行调节。具体参数如图 9.160 所示。

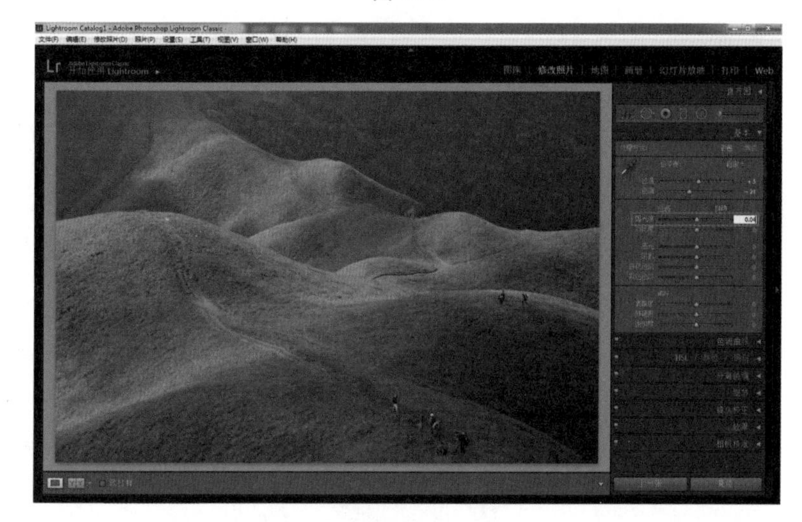

图 9.160

Step04 大幅增加整体对比度，使照片的层次更加丰富。展开“色调”面板，选择“对比度”选项，通过移动该选项上的滑块进行调节。具体参数如图 9.161 所示。

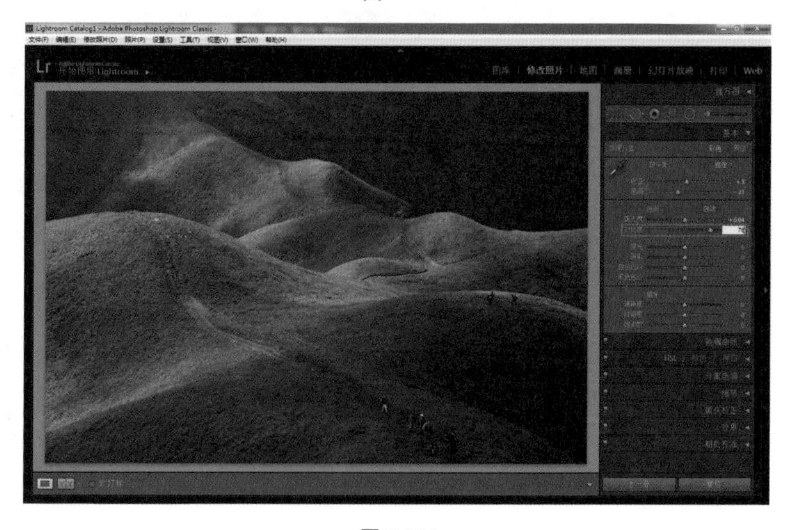

图 9.161

Step05 对画面的高光区域亮度进行提升，使草地向阳面呈现出黄绿色效果。展开“色调”面板，选择“高光”选项，通过移动该选项上的滑块进行调节。具体参数如图 9.162 所示。

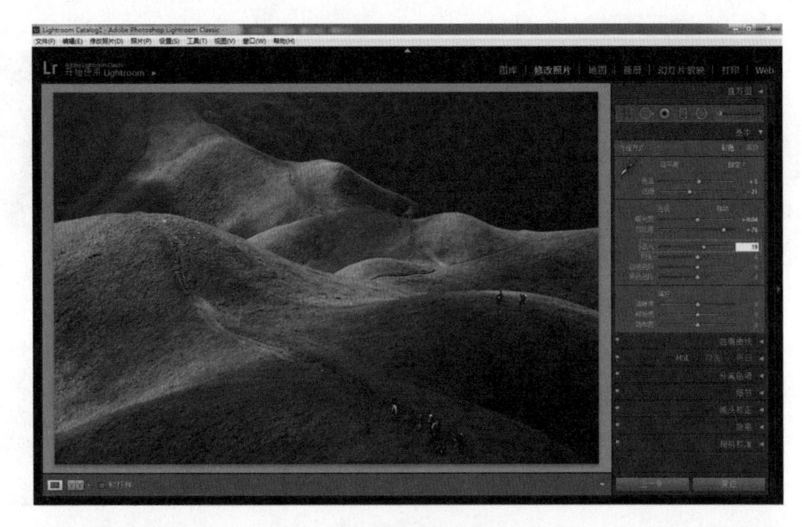

图 9.162

Step06 再次降低画面中暗部区域的明度，使整体的对比度进一步加强。展开“色调”面板，选择“阴影”选项，通过移动该选项上的滑块进行调节。具体参数如图 9.163 所示。

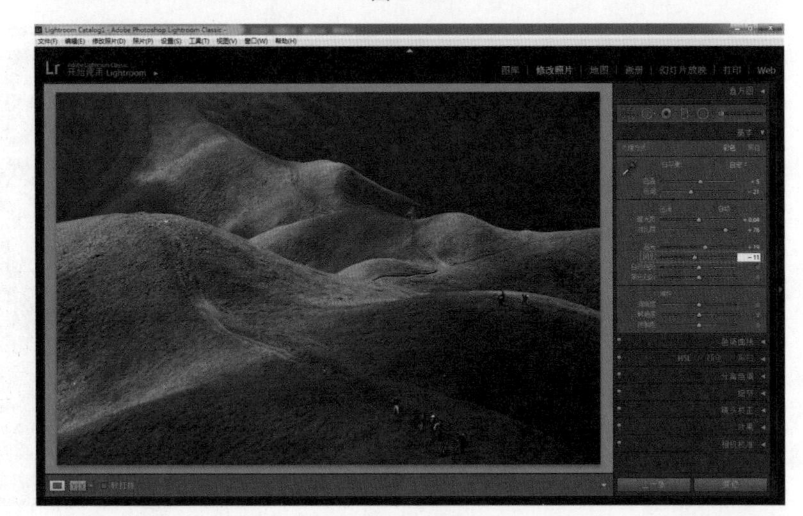

图 9.163

Step07 通过对白色色阶参数的调整，使草地向阳面的亮度再次提升，使整体画面的对比度进一步加强。展开“色调”面板，选择“白色色阶”选项，通过移动该选项上的滑块进行调节。具体参数如图 9.164 所示。

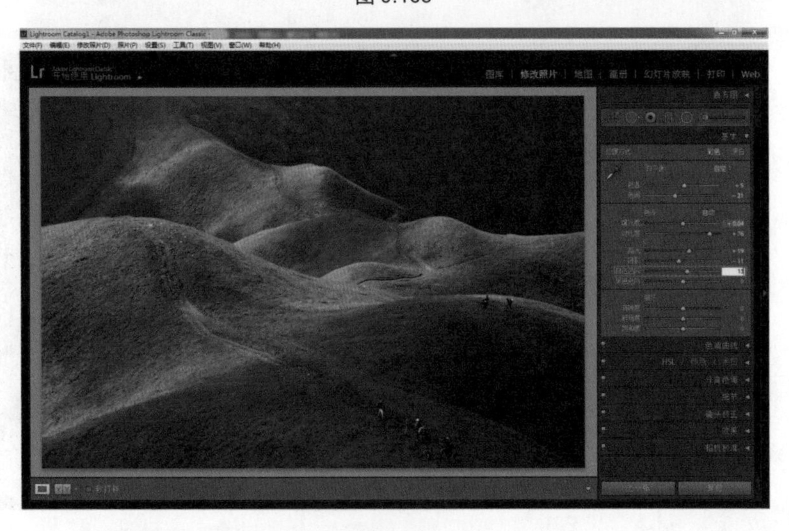

图 9.164

Step08 略微降低黑色色阶的参数，使整体对比度加强。展开“色调”面板，选择“黑色色阶”选项，通过移动该选项上的滑块进行调节。具体参数如图 9.165 所示。

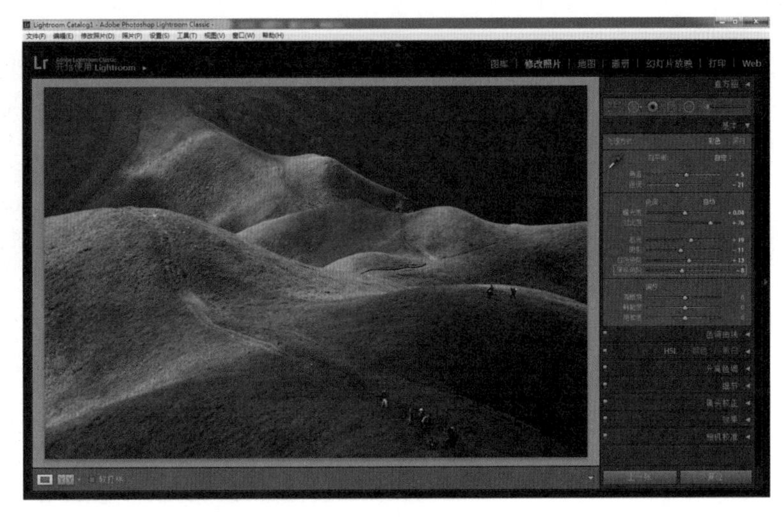

图 9.165

Step09 加强画面整体的清晰度，使草地的质感更加突出。展开“偏好”面板，选择“清晰度”选项，通过移动该选项上的滑块进行调节。具体参数如图 9.166 所示。

图 9.166

Step10 提升照片的鲜艳度，使整体画面的颜色更加清新。展开“偏好”面板，选择“鲜艳度”选项，通过移动该选项上的滑块进行调节。具体参数如图 9.167 所示。

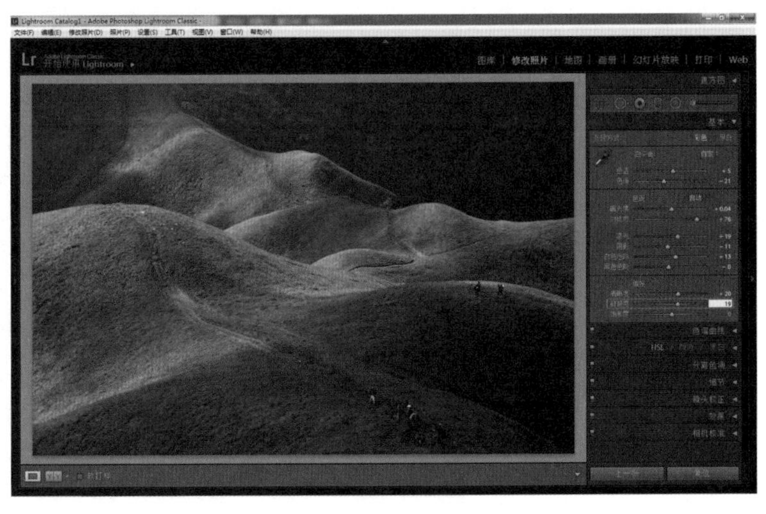

图 9.167

Step 11 略微提高画面的饱和度，使草地的颜色更绿。展开“偏好”面板，选择“饱和度”选项，通过移动该选项上的滑块进行调节。具体参数如图 9.168 所示。

图 9.168

Step 12 通过曲线的调节增加画面的对比度，使山脉的层次看起来更加分明。展开“色调曲线”面板，分别选择其中的“高光”“亮色调”“暗色调”和“阴影”选项，通过移动选项上的滑块对图像色调进行调节。具体参数如图 9.169 所示。

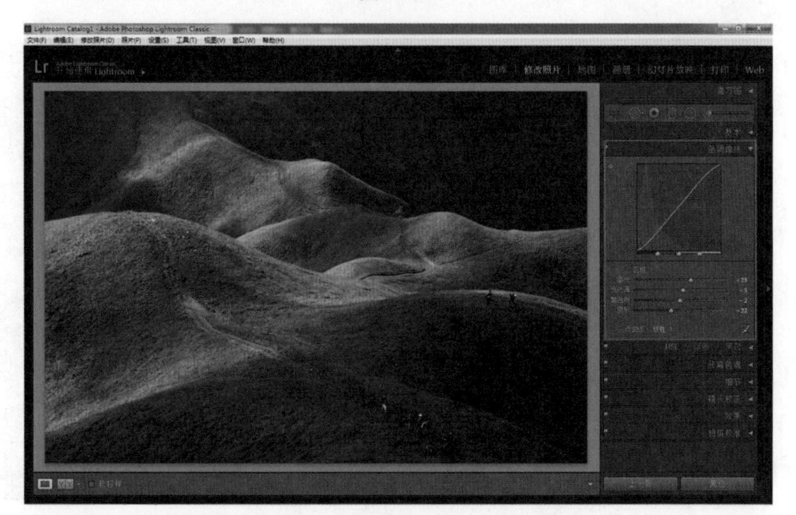

图 9.169

Step 13 利用分通道对色相进行调节，使画面的色彩更加丰富。展开“HSL”面板，选择“色相”选项，对各个颜色通道分别进行调整。具体参数如图 9.170 所示。

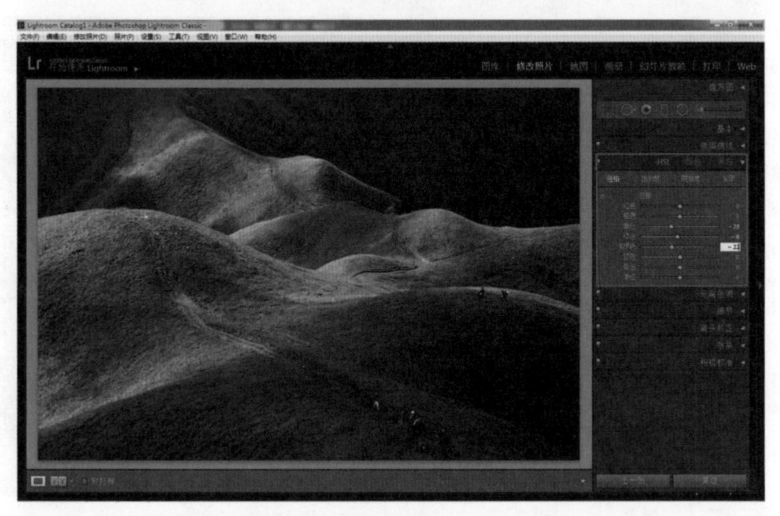

图 9.170

Step14 利用分通道对饱和度进行调节，使画面的色彩更加协调。展开“HSL”面板，选择“饱和度”选项，对各个颜色通道分别进行调整。具体参数如图 9.171 所示。

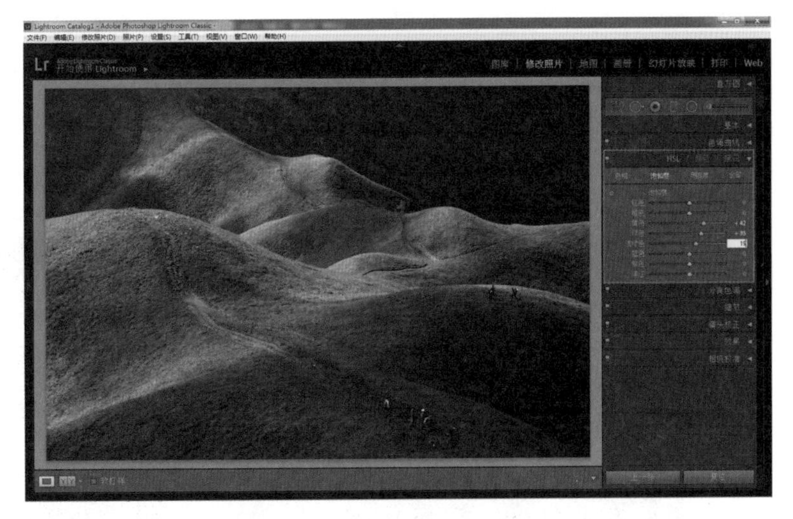

图 9.171

Step15 利用分通道对明度进行调节，适度降低黄色及浅绿色的明度，使画面更加柔和。展开“HSL”面板，选择“明度”选项，对各个颜色通道分别进行调整。具体参数如图 9.172 所示。

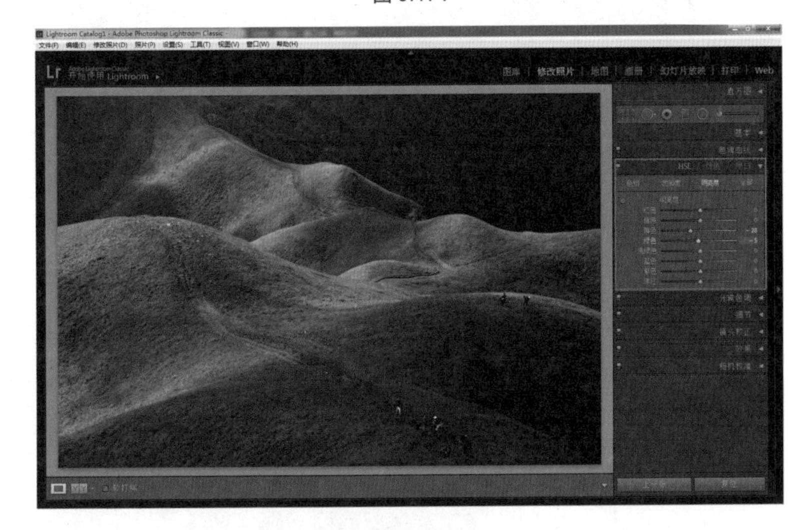

图 9.172

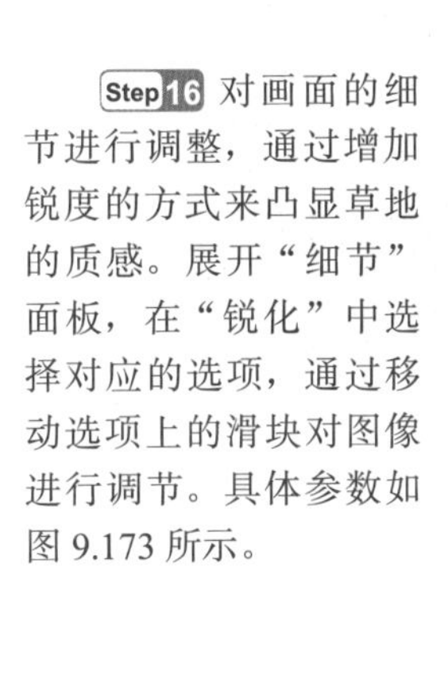

Step16 对画面的细节进行调整，通过增加锐度的方式来凸显草地的质感。展开“细节”面板，在“锐化”中选择对应的选项，通过移动选项上的滑块对图像进行调节。具体参数如图 9.173 所示。

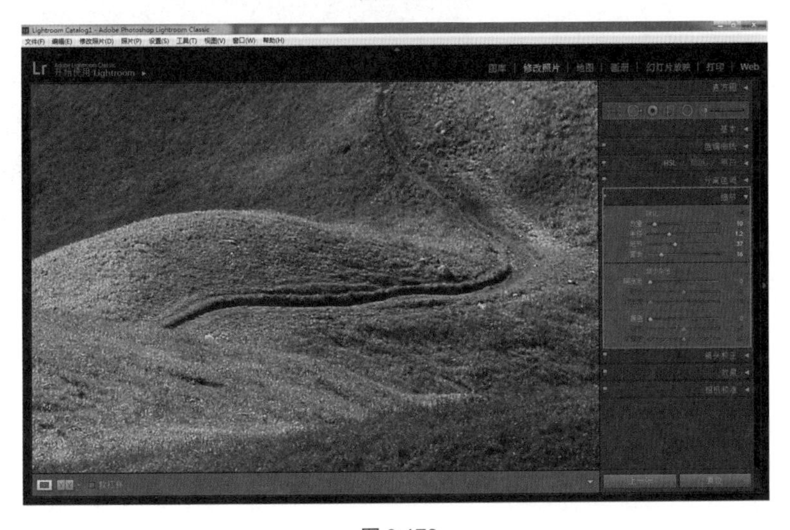

图 9.173

Step 17 压暗四周，对画面四周进行压暗处理，以此来凸显中心位置草地的层次感及立体感。展开“效果”面板，在裁剪后的暗角中分别选择“数量”“中点”“圆点”“羽化”及“高光”等选项，通过移动选项上的滑块对图像进行调节。具体参数如图 9.174 所示。

Step 18 将图像导入 Photoshop 中并进行图层复制，将在 Lightroom 中初调后的照片导入 Photoshop 软件中，按【Ctrl+J】组合键对背景图层进行复制，并将复制的图层命名为“背景 复制”图层，效果如图 9.175 所示。

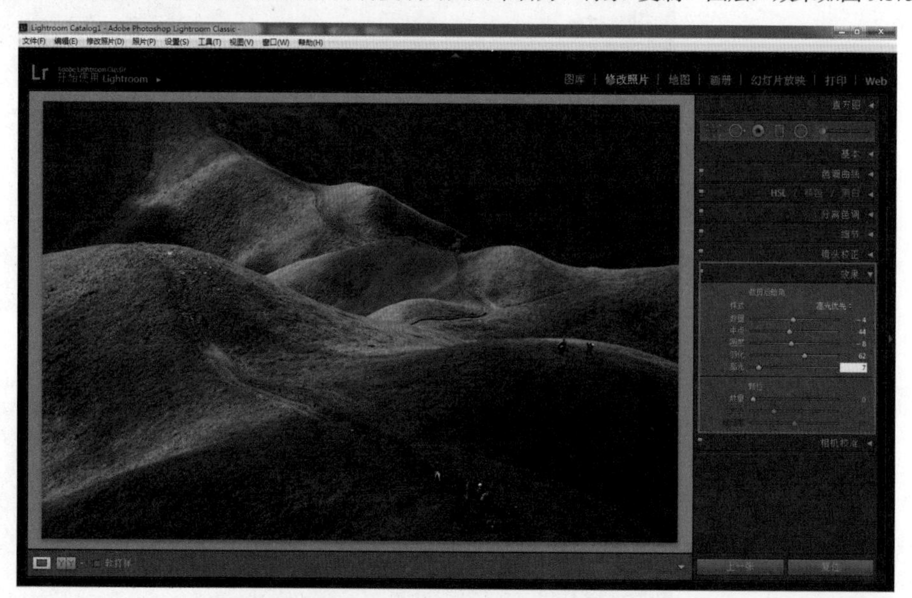

图 9.174

图 9.175

Step 19 再次对暗部区域进行提亮，使暗部草地的细节呈现得更加丰富。按【Ctrl+Alt+2】组合键选取画面中的高光区域，再按【Ctrl+I】组合键进行反选。单击“图层”面板下方的“创建新的填充或调整图层”按钮，在打开的下拉列表中选择“曲线”选项，对其参数进行设置，效果如图 9.176 所示。

Step 20 进行 50% 灰调整。通过新建中灰图层并结合画笔工具的使用，对照片的部分区域进行光影调节，使主体部分更加突出。执行“图层→新建图层”命令，在弹出的“新建图层”对话框中对其参数进行设置，然后单击“确定”按钮，并将新建的图层命名为“中灰”图层。再将前景色设置为黑色，通过使用画笔工具对照片右上角的部分进行彻底压暗处理，最终效果如图 9.177 所示。

图 9.176

图 9.177

这是一幅漫山绿地的照片，整个画面以绿色为主。在后期调整过程中，对颜色的调整幅度并不是十分大。相反，为了体现出山峦的层次感、立体感及草地的郁郁葱葱，将调整重点放在了对画面光影的塑造上。适度地加大画面的对比度，使该亮的地方亮起来，该暗的区域暗下去，这样通过一明一暗的变化，可以充分地表现出山峦的跌宕起伏，使照片显得更加恢宏大气。

9.9 夕阳下的威尼斯照片润饰

这是一幅关于夕阳下海面泊船的照片，原片的色调过于平淡，因而无法表达出落日的昏黄及云霞的绚丽。在后期处理时，选择橙色作为主色调来表现晚霞的色彩，同时为天空部分添加了少许青色元素，使其与橙色相呼应。最终画面表现出了温馨唯美的意境。

通过观察可以发现原图中存在略微欠曝的情况，因此暗部的细节呈现得不是很完整。此外，画面的色调过于平淡。因此在后期处理时对光影及色调进行了大幅调整。最后通过色彩的微调及锐化等方式，使照片呈现出来的效果更加精致，本案例原图和最终效果如图 9.178 所示。

图 9.178

Step 01 打开素材文件“9.9.jpg”，进行色温的调整，通过增加色温的方式使照片呈现出暖暖的效果。展开“白平衡”面板，选择“色温”选项，通过移动该选项上的滑块进行调节。具体参数如图 9.179 所示。

图 9.179

Step 02 通过色调的调整使云霞的红色加深。展开“白平衡”面板，选择“色调”选项，通过移动该选项上的滑块进行调节。具体参数如图 9.180 所示。

图 9.180

Step03 适度增加曝光度使画面整体亮起来。展开“色调”面板，选择“曝光度”选项，通过移动该选项上的滑块进行调节。具体参数如图 9.181 所示。

图 9.181

Step04 增强画面的对比度使照片看起来更加立体。展开“色调”面板，选择“对比度”选项，通过移动该选项上的滑块进行调节。具体参数如图 9.182 所示。

图 9.182

Step05 适度压暗高光区域的亮度，使画面中晚霞的意境更加浓重。展开“色调”面板，选择“高光”选项，通过移动该选项上的滑块进行调节。具体参数如图 9.183 所示。

图 9.183

Step06 通过适度提亮暗部区域使画面中的暗部细节呈现出来。展开“色调”面板，选择“阴影”选项，通过移动该选项上的滑块进行调节。具体参数如图 9.184 所示。

图 9.184

Step07 通过略微降低白色色阶的参数，使画面中过亮的区域变暗。展开“色调”面板，选择“白色色阶”选项，通过移动该选项上的滑块进行调节。具体参数如图 9.185 所示。

图 9.185

Step08 通过降低黑色色阶的参数，使整体画面更加立体、天边的云霞更显绚丽。展开“色调”面板，选择“黑色色阶”选项，通过移动该选项上的滑块进行调节。具体参数如图 9.186 所示。

图 9.186

Step 09 通过清晰度的增加使细节部分更加精致且整体画面更加立体。展开“偏好”面板，选择“清晰度”选项，通过移动该选项上的滑块进行调节。具体参数如图 9.187 所示。

图 9.187

Step 10 适度降低整体画面的鲜艳度，使其看起来更加柔和。展开“偏好”面板，选择“鲜艳度”选项，通过移动该选项上的滑块进行调节。具体参数如图 9.188 所示。

图 9.188

Step 11 对饱和度进行提升，使画面中晚霞的氛围更加浓重。展开“偏好”面板，选择“饱和度”选项，通过移动该选项上的滑块进行调节。具体参数如图 9.189 所示。

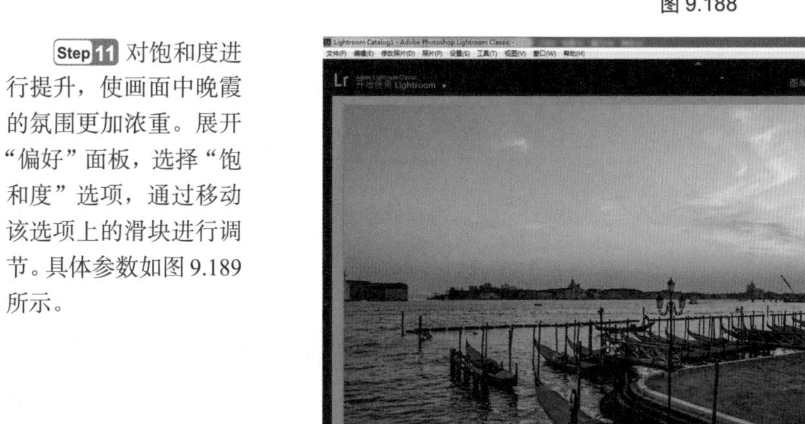

图 9.189

Step12 对画面的曲线进行适度的调整，使照片的对比度加强。展开“色调曲线”面板，分别选择其中的“亮色调”和“暗色调”选项，通过移动选项上的滑块对图像进行调节。具体参数如图 9.190 所示。

图 9.190

Step13 利用分通道对色相进行调节，使画面的色彩更加的丰富。展开“HSL”面板，选择“色相”选项，对各个颜色通道分别进行调整。具体参数如图 9.191 所示。

图 9.191

Step14 利用分通道对饱和度进行调节，使画面的色彩更加协调。展开“HSL”面板，选择“饱和度”选项，对各个颜色通道分别进行调整。具体参数如图 9.192 所示。

图 9.192

Step15 利用分通道对明亮度进行调节，使照片更加通透。展开“HSL”面板，选择“明亮度”选项，对各个颜色通道分别进行调整。具体参数如图 9.193 所示。

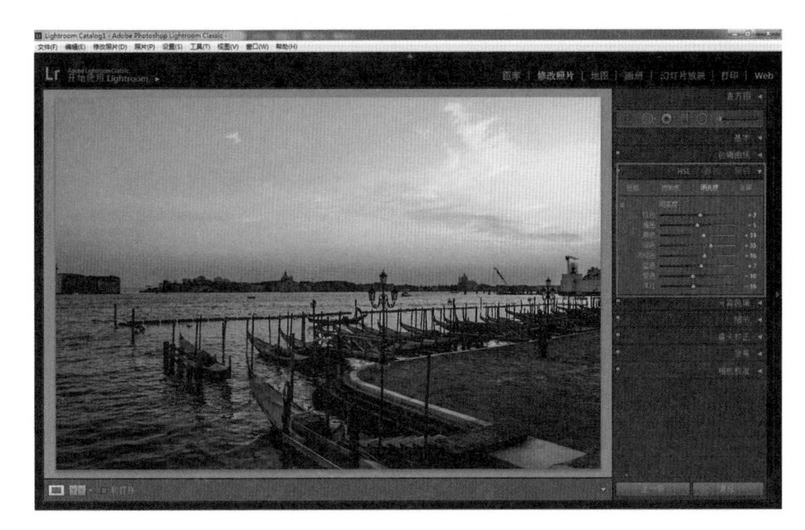

图 9.193

Step16 通过色调分离对画面光影进行进一步调整，使照片更加通透。展开“分离色调”面板，在“高光”和“阴影”中分别选择“色相”和“饱和度”选项，通过移动选项上的滑块对图像进行调节，具体参数如图 9.194 所示。

图 9.194

Step17 对画面的细节进行调整，如锐化的处理及画面杂色的微调等。展开“细节”面板，分别在“锐化”和“减少杂色”中选择对应的选项，通过移动选项上的滑块对图像进行调节，具体参数和最终效果如图 9.195 所示。

图 9.195

在后期处理过程中往往涉及了光影的调整，在这里需要强调的是，照片亮度的调整并非一味地进行提亮，而是要根据照片本身所表达的意境来进行适当处理。相反，有一些照片为了着重表达画面的主体部分，还需要适当压暗整体画面的亮度。因此需要根据具体问题具体分析，切不可一概而论。